AF363425

# TRAITÉ
## ÉLÉMENTAIRE
## DE CHIMIE,

### SECONDE ÉDITION.

### TOME SECOND.

# TRAITÉ ÉLÉMENTAIRE DE CHIMIE,

## PRÉSENTÉ DANS UN ORDRE NOUVEAU

### ET D'APRÈS LES DÉCOUVERTES MODERNES;

Avec Figures :

Par M. *LAVOISIER*, *de l'Académie des Sciences, de la Société de Médecine, des Sociétés d'Agriculture de Paris & d'Orléans, de la Société de Londres, de l'Institut de Bologne, de la Société Helvétique de Basle, de celles de Philadelphie, Harlem, Manchester, Padoue, &c.*

## SECONDE ÉDITION.

## TOME SECOND.

## A PARIS,

Chez CUCHET, Libraire, rue & hôtel Serpente.

## M. DCC. XCIII.

# TABLE
## DES CHAPITRES
### DU TOME SECOND.

## TROISIEME PARTIE.

*Description des Appareils & des Opérations manuelles de la Chimie.*

TRAITÉ

# TRAITÉ
## ÉLÉMENTAIRE
## DE CHIMIE.

## TROISIÈME PARTIE.

*Description des appareils & des opérations
manuelles de la Chimie.*

## INTRODUCTION.

CE n'eft pas fans deffein que je ne me fuis
pas étendu davantage dans les deux premières
parties de cet Ouvrage, fur les opérations manuelles de la Chimie. J'ai reconnu, d'après ma
propre expérience, que des defcriptions mi-
nutieufes, des détails de procédés & des explications de planches, figuroient mal dans un

*Tome II.*                          A

ouvrage de raisonnement ; qu'elles interrompoient la marche des idées, & qu'elles rendoient la lecture de l'ouvrage fastidieuse & difficile.

D'un autre côté, si je m'en fusse tenu aux simples descriptions sommaires que j'ai données jusqu'ici, les commençans n'auroient pu prendre dans cet Ouvrage que des idées très-vagues de la Chimie-pratique. Des opérations qu'il leur auroit été impossible de répéter, ne leur auroient inspiré ni confiance ni intérêt : ils n'auroient pas même eu la ressource de chercher dans d'autres ouvrages de quoi suppléer à ce qui auroit manqué à celui-ci. Indépendamment de ce qu'il n'en existe aucun où les expériences modernes se trouvent décrites avec assez d'étendue, il leur auroit été impossible de recourir à des traités où les idées n'auroient point été présentées dans le même ordre, où l'on n'auroit pas parlé le même langage ; en sorte que le but d'utilité que je me suis proposé n'auroit pas été rempli.

J'ai pris, d'après ces réflexions, la résolution de réserver pour une troisième partie la description sommaire de tous les appareils & de toutes les opérations manuelles qui ont rapport à la Chimie élémentaire. J'ai préféré de placer ce traité particulier à la fin plutôt qu'au commencement de cet Ouvrage, parce qu'il m'auroit été

impoſſible de n'y pas ſuppoſer des connoiſſances
que les commençans ne peuvent avoir, & qu'ils
ne peuvent acquérir que par la lecture de l'Ouvrage même. Toute cette troiſième partie doit
être en quelque façon conſidérée comme l'explication des figures qu'on a coutume de rejetter
à la fin des Mémoires, pour ne point en couper
le texte par des deſcriptions trop étendues.

Quelque ſoin que j'aye pris pour mettre de
la clarté & de la méthode dans cette partie
de mon travail, & pour n'omettre la deſcription d'aucun appareil eſſentiel, je ſuis loin de
prétendre que ceux qui veulent prendre des
connoiſſances exactes en Chimie, puiſſent ſe
diſpenſer de ſuivre des cours, de fréquenter
les laboratoires & de ſe familiariſer avec les
inſtrumens qu'on y emploie. *Nihil eſt in intel-
lectu quod non prius fuerit in ſenſu :* grande &
importante vérité que ne doivent jamais oublier
ceux qui apprennent comme ceux qui enſei-
gnent, & que le célèbre Rouelle avoit fait
tracer en gros caractères dans le lieu le plus
apparent de ſon laboratoire.

Les opérations chimiques ſe diviſent naturellement en pluſieurs claſſes, ſuivant l'objet
qu'elles ſe propoſent de remplir : les unes peuvent être regardées comme purement mécaniques ; telle eſt la détermination du poids des

corps, la mesure de leur volume, la trituration, la porphyrisation, le tamisage, le lavage, la filtration : les autres sont des opérations véritablement chimiques, parce qu'elles emploient des forces & des agens chimiques, telles que la dissolution, la fusion, &c. Enfin les unes ont pour objet de séparer les principes des corps, les autres de les réunir ; souvent même elles ont ce double but, & il n'est pas rare que dans une même opération, comme dans la combustion, par exemple, il y ait à la fois décomposition & recomposition.

Sans adopter particulièrement aucune de ces divisions, auxquelles il seroit difficile de s'astreindre, du moins d'une manière rigoureuse, je vais présenter le détail des opérations chimiques, dans l'ordre qui m'a paru le plus propre à en faciliter l'intelligence. J'insisterai particulièrement sur les appareils relatifs à la Chimie moderne, parce qu'ils sont encore peu connus, même de ceux qui font une étude particulière de cette science, je pourrois presque dire, d'une partie de ceux qui la professent.

# CHAPITRE PREMIER.

*Des inſtrumens propres à déterminer le poids abſolu & la peſanteur ſpécifique des corps ſolides & liquides.*

On ne connoît juſqu'à préſent aucun meilleur moyen pour déterminer les quantités de matières qu'on emploie dans les opérations chimiques, & celles qu'on obtient par le réſultat des expériences, que de les mettre en équilibre avec d'autres corps qu'on eſt convenu de prendre pour terme de comparaiſon. Lors, par exemple, que nous voulons allier enſemble douze livres de plomb & ſix livres d'étain, nous nous procurons un levier de fer aſſez fort pour qu'il ne fléchiſſe pas ; nous le ſuſpendons dans ſon milieu & de manière que ſes deux bras ſoient parfaitement égaux ; nous attachons à l'une de ſes extrêmités un poids de douze livres, nous attachons à l'autre du plomb, & nous en ajoutons juſqu'à ce qu'il y ait équilibre, c'eſt-à-dire juſqu'à ce que le levier demeure parfaitement horiſontal. Après avoir ainſi opéré ſur le plomb, on opère ſur l'étain ; & on en uſe de la même manière pour toutes les autres matières dont on veut déterminer la

quantité. Cette opération se nomme *peser* ; l'inftrument dont on se sert se nomme *balance* : il
est principalement composé, comme tout le
monde le sait, d'un fléau, de deux bassins &
d'une aiguille.

Quant au choix des poids & à la quantité de
matière qui doit composer une unité, une livre,
par exemple, c'est une chose absolument arbi-
traire ; aussi voyons - nous que la livre diffère
d'un royaume à un autre, d'une province &
souvent même d'une ville à une autre. Les sociétés n'ont même d'autre moyen de conserver
l'unité qu'elles se sont choisie, & d'empêcher
qu'elle ne varie & ne s'altère par la révolution
des tems, qu'en formant ce qu'on nomme des
étalons, qui sont déposés & soigneusement con-
servés dans les greffes des jurisdictions.

Il n'est point indifférent sans doute dans le
commerce & pour les usages de la société, de
se servir d'une livre ou d'une autre, puisque la
quantité absolue de matière n'est pas la même,
& que les différences même sont très-considé-
rables. Mais il n'en est pas de même pour les
Physiciens & pour les Chimistes. Peu importe
dans la plupart des expériences, qu'ils ayent
employé une quantité A ou une quantité B de
matière, pourvu qu'ils expriment clairement les
produits qu'ils ont obtenus de l'une ou de l'autre

de ces quantités, en fractions d'un usage commode, & qui réunies toutes ensemble faffent
un produit égal au tout. Ces confidérations
m'ont fait penfer qu'en attendant que les hommes, réunis en fociété, fe foient déterminés à
n'adopter qu'un feul poids & qu'une feule mefure, les Chimiftes, de toutes les parties du
monde, pourroient fans inconvénient fe fervir de la livre de leur pays, quelle qu'elle
fût, pourvu qu'au lieu de la divifer, comme
on l'a fait jufqu'ici, en fractions arbitraires, on
fe déterminât par une convention générale à la
divifer en dixièmes, en centièmes, en milliè-
mes, en dix-millièmes, &c. c'eft-à-dire, en
fractions décimales de livres. On s'entendroit
alors dans tous les pays, comme dans toutes
les langues : on ne feroit pas fûr, il eft vrai,
de la quantité abfolue de matière qu'on auroit
employée dans une expérience ; mais on con-
noîtroit fans difficulté, fans calcul, le rapport
des produits entr'eux ; ces rapports feroient les
mêmes pour les favans du monde entier, &
l'on auroit véritablement pour cet objet un
langage univerfel.

Frappé de ces confidérations, j'ai toujours eu le projet de faire divifer la livre
poids de marc en fractions décimales, & ce
n'eft que depuis peu que j'y fuis parvenu.

A iv

M. Fourché, Balancier, fucceffeur de M. Che-
min, rue de la Ferronnerie, a rempli cet objet
avec beaucoup d'intelligence & d'exactitude, &
j'invite tous ceux qui s'occupent d'expériences,
à fe procurer de femblables divifions de la
livre : pour peu qu'ils ayent d'ufage du calcul
des décimales, ils feront étonnés de la fimpli-
cité & de la facilité que cette divifion appor-
tera dans toutes leurs opérations. Je détaillerai
dans un Mémoire particulier deftiné pour l'A-
cadémie, les précautions & les attentions que
cette divifion de la livre exige.

En attendant que cette méthode foit adoptée
par les favans de tous les pays, il eft un moyen
fimple, finon d'atteindre au même but, au
moins d'en approcher & de fimplifier les calculs. Il confifte à convertir à chaque pefée les
onces, gros & grains qu'on a obtenus, en fractions décimales de livre, & pour diminuer la
peine que ce calcul pourroit préfenter, j'ai
formé une table où ces calculs fe trouvent tous
faits ou au moins réduits à de fimples additions.
Elle fe trouve à la fin de cette troifième partie : voici la manière de s'en fervir.

Je fuppofe qu'on ait employé dans une expérience 4 livres de matières, & que par le
réfultat de l'opération on ait obtenu quatre
produits différens A, B, C, D, pefant favoir,

|            | liv. | onc. | gros | grains. |
|------------|------|------|------|---------|
| Produit A  | 2    | 5    | 3    | 63      |
| Produit B  | 1    | 2    | 7    | 15      |
| Produit C  | »    | 3    | 1    | 37      |
| Produit D  | »    | 4    | 3    | 29      |
| Total      | 4    | »    | »    | »       |

On transformera, au moyen de la table, ces fractions vulgaires en décimales, comme il fuit :

### Pour le produit A.

| Fractions vulgaires. | | | | | Fractions décimales correspondantes. |
|------|------|------|------|---|------|
| liv. | onc. | gros | gr. | | liv. |
| 2    | »    | »    | »    | = | 2,0000000 |
|      | 5    | »    | »    | = | 0,3125000 |
|      |      | 3    | »    | = | 0,0234375 |
|      |      |      | 63   | = | 0,0068359 |
| Total 2 | 5 | 3 | 63 | = | 2,3427734 |

### Pour le produit B.

| liv. | onc. | gros | gr. | | liv. |
|------|------|------|------|---|------|
| 1    | »    | »    | »    | = | 1,0000000 |
|      | 2    | »    | »    | = | 0,1250000 |
|      |      | 7    | »    | = | 0,0546875 |
|      |      |      | 15   | = | 0,0016276 |
| Total 1 | 2 | 7 | 15 | = | 1,1813151 |

### Pour le produit C.

| Fractions vulgaires. | | | | Fractions décimales correspondantes. |
|---|---|---|---|---|
| onc. | gros | gr. | | liv. |
| 3 | » | » | = | 0,1875000 |
| | 1 | » | = | 0,0078125 |
| | | 37 | = | 0,0040148 |
| Total » 3 | 1 | 37 | = | 0,1993273 |

### Pour le produit D.

| onc. | gros | gr. | | liv. |
|---|---|---|---|---|
| 4 | » | » | = | 0,2500000 |
| | 3 | » | = | 0,0234375 |
| | | 29 | = | 0,0031467 |
| Total » 4 | 3 | 29 | = | 0,2765842 |

En récapitulant ces résultats, on aura en fractions décimales :

| | |
|---|---|
| Pour le produit A | 2,3427734 |
| Pour le produit B | 1,1813151 |
| Pour le produit C | 0,1993273 |
| Pour le produit D | 0,2765842 |
| Total | 4,0000000 |

Les produits ainsi exprimés en fractions décimales, sont ensuite susceptibles de toute espèce de réduction & de calcul, & on n'est plus obligé de réduire continuellement en grains les nombres sur lesquels on veut opérer, & de reformer ensuite avec ces mêmes nombres des livres, onces & gros.

La détermination du poids des matières & des produits, avant & après les expériences, étant la base de tout ce qu'on peut faire d'utile & d'exact en Chimie, on ne sauroit y apporter trop d'exactitude. La première chose, pour remplir cet objet, est de se munir de bons instrumens. On ne peut se dispenser d'avoir, pour opèrer commodément, trois excellentes balances. La première doit peser jusqu'à 15 & 20 livres, sans fatiguer le fléau. Il n'est pas rare d'être obligé dans des expériences chimiques de déterminer à un demi-grain près ou un grain tout au plus la tarre & le poids de très-grands vases & d'appareils très - pesans. Il faut, pour arriver à ce degré de précision, des balances faites par un artiste habile & avec des précautions particulières; il faut sur-tout se faire une loi de ne jamais s'en servir dans un laboratoire où elles feroient immanquablement rouillées & gâtées : elles doivent être conservées dans un cabinet séparé, où il n'entre jamais d'acides. Celles dont je me sers ont été construites par M. Fortin ; leur fléau a trois pieds de long ; & elles réunissent toutes les sûretés & les commodités qu'on peut desirer. Je ne crois pas que, à l'exception de celles de Ramsden, il en existe qui puissent leur être comparées pour la justesse & pour la précision. Indépendamment de cette forte balance, j'en ai deux autres qui sont bannies, comme la première, du laboratoire; l'une pèse jusqu'à 18 ou 20 onces, à la précision du dixième de grain; la troisième ne pèse que jusqu'à un gros , & les 512$^{es}$ de grain y sont très-sensibles.

Je donnerai à l'Académie dans un Mémoire particulier, une description de ces trois balances, avec des détails sur le degré de précision qu'on en obtient.

Ces instrumens au surplus dont on ne doit se servir que pour les expériences de recherche, ne dispensent pas d'en avoir d'autres moins précieux pour les usages courans du laboratoire. On y a continuellement besoin d'une grosse balance à fléau de fer peint en noir, qui puisse peser des terrines entières pleines de liquide, & des quantités d'eau de 40 à 50 livres, à un demi-gros près; d'une seconde balance susceptible de peser jusqu'à 8 à 10 livres, à 12 ou 15 grains près; enfin d'une petite balance à la main, pesant environ une livre, à la précision du grain.

Mais ce n'eſt pas encore aſſez d'avoir d'excellentes balances, il faut les connoître, les
avoir étudiées, ſavoir s'en ſervir, & l'on n'y
parvient que par un long uſage & avec beaucoup d'attention. Il eſt ſur-tout important de
vérifier ſouvent les poids dont on ſe ſert : ceux
fournis chez les balanciers ayant été ajuſtés avec
des balances qui ne ſont pas extrêmement ſenſibles, ne ſe trouvent plus rigoureuſement exacts
quand on les éprouve avec des balances auſſi
parfaites que celles que je viens d'annoncer.

Ce ſeroit une excellente manière, pour éviter
les erreurs dans les peſées, que de les répéter
deux fois, en employant pour les unes des
fractions vulgaires de livre, & pour les autres
des fractions décimales.

Tels ſont les moyens qui ont paru juſqu'ici
les plus propres à déterminer les quantités de
matières employées dans les expériences, c'eſt-
à-dire, pour me ſervir de l'expreſſion ordinaire, à déterminer le poids abſolu des corps.
Mais en adoptant cette expreſſion, je ne puis
me difpenfer d'obſerver que, priſe dans un
ſens ſtrict, elle n'eſt pas abſolument exacte.
Il eſt certain qu'à la rigueur nous ne connoiſſons & nous ne pouvons connoître que des
peſanteurs relatives ; que nous ne pouvons les
exprimer qu'en partant d'une unité convention-

nelle : il feroit donc plus vrai de dire que nous n'avons aucune mesure du poids absolu des corps.

Passons maintenant à ce qui concerne la pesanteur spécifique. On a désigné sous ce nom le poids absolu des corps divisé par leur volume, ou ce qui revient au même, le poids que pèse un volume déterminé d'un corps. C'est la pesanteur de l'eau qu'on a choisie, en général, pour l'unité qui exprime ce genre de pesanteur. Ainsi quand on parle de la pesanteur spécifique de l'or, on dit qu'il est dix-neuf fois aussi pesant que l'eau ; que l'acide sulfurique concentré est deux fois aussi pesant que l'eau, & ainsi des autres corps.

Il est d'autant plus commode de prendre ainsi la pesanteur de l'eau pour unité, que c'est presque toujours dans l'eau que l'on pèse les corps dont on veut déterminer la pesanteur spécifique. Si, par exemple, on se propose de reconnoître la pesanteur spécifique d'un morceau d'or pur écroui à coups de marteau, & si ce morceau d'or pèse dans l'air 8 onces 4 gros 2 grains & demi, comme celui que M. Brisson a éprouvé, page 5 de son Traité de la Pesanteur spécifique, on suspend cet or à un fil métallique très-fin & assez fort cependant pour pouvoir le supporter sans se rompre ; on attache ce fil fous le baſſin d'une balance hydroſtatique, & on pèſe l'or entièrement plongé dans un vaſe rempli d'eau. Le morceau d'or dont il eſt ici queſtion, a perdu dans l'expérience de M. Briſſon 3 gros 37 grains. Or, il eſt évident que le poids que perd un corps quand on l'a peſé dans l'eau, n'eſt autre que le poids du volume d'eau qu'il déplace, ou, ce qui eſt la même choſe, qu'un poids d'eau égal à ſon volume; d'où l'on peut conclure qu'à volume égal l'or pèſe 4898 grains & demi, & l'eau 253 : ce qui donne 193617 pour la peſanteur ſpécifique de l'or, celle de l'eau étant ſuppoſée 10000. On peut opérer de la même manière pour toutes les ſubſtances ſolides.

Il eſt au ſurplus aſſez rare qu'on ait beſoin en Chimie de déterminer la peſanteur ſpécifique des corps ſolides, à moins qu'on ne travaille ſur les alliages ou ſur les verres métalliques : on a au contraire beſoin preſqu'à chaque inſtant de connoître la peſanteur ſpécifique des fluides, parce que c'eſt ſouvent le ſeul moyen qu'on ait de juger de leur degré de pureté & de concentration.

On peut également remplir ce dernier objet avec un très-grand degré de préciſion, au moyen de la balance hydroſtatique, & en peſant ſucceſſivement un corps ſolide, tel, par exemple, qu'une boule de criflal de roche fufpendue à un fil d'or très-fin, dans l'air & dans le fluide dont on veut déterminer la pefanteur fpécifique. Le poids que perd la boule plongée dans le fluide, eft celui d'un volume égal de ce fluide. En répétant fucceffivement cette opé- ration dans l'eau & dans différens fluides, on peut par un calcul très-fimple en conclure leur rapport de pefanteur fpécifique, foit entr'eux, foit avec l'eau : mais ce moyen ne feroit pas encore fuffifamment exact, ou au moins il fe- roit très-embarraffant à l'égard des liqueurs dont la pefanteur fpécifique differe très-peu de celle de l'eau, par exemple, à l'égard des eaux mi- nérales & de toutes celles en général qui font très-peu chargées de fels.

Dans quelques travaux que j'ai entrepris fur cet objet & qui ne font point encore publics, je me fuis fervi avec beaucoup d'avantages de pèfe-liqueurs très-fenfibles & dont je vais don- ner une idée. Ils confiftent dans un cylindre creux A *b c f, planche VII, fig. 6*, de cuivre jaune, ou mieux encore d'argent, & lefté par le bas en *b c f* avec de l'étain. Ce pèfe-liqueur eft ici repréfenté nageant dans un bocal *l m n o* rempli d'eau. A la partie fupérieure du cylindre eft adaptée une tige faite d'un fil d'argent de $\frac{1}{4}$ de ligne de diamètre tout au plus, & furmontée d'un

petit

petit baſſin *d* deſtiné à recevoir des poids. On fait ſur cette tige une marque en *g*, dont on va expliquer l'uſage. On peut faire cet inſtrument de différentes dimenſions ; mais il n'eſt ſuffiſamment exact qu'autant qu'il déplace au moins quatre livres d'eau.

Le poids de l'étain dont cet inſtrument eſt leſté, doit être tel qu'il ſoit preſqu'en équilibre dans de l'eau diſtillée, & qu'il ne faille plus y ajouter pour le faire entrer juſqu'à la marque *g*, qu'un demi-gros ou un gros tout au plus.

On commence par déterminer une première fois avec beaucoup d'exactitude le poids de cet inſtrument & le nombre de gros ou de grains dont il faut le charger dans de l'eau diſtillée, à une température donnée pour le faire entrer juſqu'à la marque *g*. On fait la même opération dans toutes les eaux dont on veut connoître la peſanteur ſpécifique, & on rapporte enſuite par le calcul les différences au pied cube, à la pinte ou à la livre, ou bien on les réduit en fractions décimales. Cette méthode, jointe à quelques expériences faites avec les réactifs, eſt une des plus ſûres pour déterminer la qualité des eaux, & on y apperçoit des différences qui auroient échappé aux analyſes chimiques les plus exactes. Je donnerai un jour le détail d'un grand travail que j'ai fait ſur cet objet.

*Tome II.*                                               B

Les pèfe - liqueurs métalliques ne peuvent
fervir que pour déterminer la pefanteur fpécifique des eaux qui ne contiennent que des fels
neutres ou des fubftances alkalines : on peut
aufli en faire conftruire de particuliers leftés
pour l'efprit-de-vin & les liqueurs fpiritueufes.
Mais toutes les fois qu'il eft queftion de déterminer la pefanteur fpécifique des acides, on
ne peut employer que du verre. On prend
alors un cylindre creux de verre *a b c, planche
VII, figure 14*, qu'on ferme hermétiquement
à la lampe en *b c f ;* on y foude dans fa partie
fupérieure un tube capillaire *a d* furmonté par
un petit baffin *d*. On lefte cet inftrument avec
du mercure, & on en introduit plus ou moins,
fuivant la pefanteur des liqueurs qu'on fe propofe d'examiner. On peut introduire dans le
cube *a d*, qui forme le col de cet inftrument,
une petite bande de papier qui porte des divifions ; & quoique ces divifions ne répondent
pas aux mêmes fractions de grains dans des
liqueurs dont la pefanteur fpécifique eft différente, elles font cependant commodes pour
les évaluations.

Je ne m'étendrai pas davantage fur les moyens
qui fervent pour déterminer, foit le poids abfolu, foit la pefanteur fpécifique des folides
& des liquides ; les inftrumens qu'on emploie

à ce genre d'expériences, font entre les mains
de tout le monde, on peut fe les procurer
aifément, & de plus grands détails feroient
inutiles. Il n'en fera pas de même de la mefure des gaz : la plupart des inftrumens dont
je me fers ne fe trouvant nulle part & n'ayant
été décrits dans aucun ouvrage, il m'a paru
néceffaire d'en donner une connoiffance plus
détaillée : c'eft l'objet que je me fuis propofé
dans le Chapitre fuivant.

# CHAPITRE II.

*De la Gazométrie, ou de la mesure du poids
& du volume des substances aériformes.*

## §. I.

*Description des Appareils pneumato chimiques.*

LES Chimistes françois ont donné dans ces
derniers tems le nom de *pneumato-chimique*
à un appareil à la fois très-ingénieux & très-
simple, imaginé par M. Priestley, & qui est
devenu absolument indispensable dans tous les
laboratoires. Il consiste en une caisse ou cuve
de bois plus ou moins grande, *planche V*,
*figures 1 & 2*, doublée de plomb laminé ou
de feuilles de cuivre étamé. La *figure 1* représente cette cuve vue en perspective ; on en a
supposé le devant & un des côtés enlevés dans
la *figure 2*, afin de faire mieux sentir la manière
dont elle est construite dans son intérieur.

On distingue dans tout appareil de cette espèce, la tablette de la cuve A B C D, *fig. 1*
& 2, & le fond de la cuve F G H I, *fig. 2*.
L'intervalle qui se trouve entre ces deux plans
est la cuve proprement dite, ou la fosse de la

cuve. C'eſt dans cette partie creuſe qu'on emplit les cloches : on les retourne enſuite & on les poſe ſur la tablette ABCD, *voyez* la cloche F, *planche X*. On peut encore diſtinguer les bords de la cuve, & l'on donne ce nom à tout ce qui excède le niveau de la tablette.

La cuve doit être ſuffiſamment remplie, pour que la tablette ſoit toujours recouverte d'un pouce ou d'un pouce & demi d'eau ; elle doit avoir aſſez de largeur & de profondeur, pour qu'il y en ait alors au moins un pied en tout ſens dans la foſſe de la cuve. Cette quantité ſuffit pour les expériences ordinaires ; mais il eſt un grand nombre de circonſtances où il eſt commode, où il eſt même indiſpenſable de ſe donner encore plus d'eſpace. Je conſeille donc à ceux qui veulent s'occuper utilement & habituellement d'expériences de Chimie, de conſtruire très en grand ces appareils, ſi le local le leur permet. La foſſe de ma cuve principale contient quatre pieds cubes d'eau, & la ſurface de ſa tablette eſt de quatorze pieds quarrés. Malgré cette grandeur qui me paroiſſoit d'abord démeſurée, il m'arrive encore ſouvent de manquer de place.

Il ne ſuffit pas encore dans un laboratoire où l'on eſt livré à un courant habituel d'expériences, d'avoir un ſeul de ces appareils, quel-

B iij

que grand qu'il foit : il faut, indépendamment
du magafin général, en avoir de plus petits &
de portatifs même, qu'on place où le befoin
l'exige & près du fourneau où l'on opère. Ce
n'eft qu'ainfi qu'on peut faire marcher plufieurs
expériences à la fois. Il y a d'ailleurs des opérations qui faliffent l'eau de l'appareil, & qu'il
eft néceffaire de faire dans une cuve particulière.

Il eft fans doute beaucoup plus économique
de fe fervir de cuves de bois, ou de baquets
cerclés de fer & faits tout fimplement avec des
douves, plutôt que d'employer des caiffes de
bois doublées de cuivre ou de plomb. Je m'en
fuis moi-même fervi dans mes premières expériences ; mais j'ai bientôt reconnu les inconvéniens qui y font attachés. Si l'eau n'y eft pas
toujours entretenue au même niveau, les douves qui fe trouvent à fec prennent de la re-
traite ; elles fe disjoignent, & quand on vient
enfuite à mettre plus d'eau, elle s'échappe par
les jointures, & les planchers font inondés.

Les vaiffeaux dont on fe fert pour recevoir
& pour contenir les gaz dans cet appareil,
font des cloches de criftal A, *figure 9*. Pour
les tranfporter d'un appareil à un autre, ou
même pour les mettre en réferve quand la cuve
eft trop embarraffée, on fe fert de plateaux

BC, *même figure*, garnis d'un rebord & de deux anses DE, pour les transporter.

A l'égard de l'appareil pneumato-chimique au mercure, après avoir essayé d'en construire de différentes matières, je me suis arrêté définitivement au marbre. Cette substance est absolument imperméable au mercure; on n'a pas à craindre, comme avec le bois, que les assemblages se déjoignent, ou que le mercure s'échappe par des gerçures; on n'a point non plus l'inquiétude de la cassure, comme avec le verre, la fayence & la porcelaine.

On choisit donc un bloc de marbre BCDE, *planche V, figures 3 & 4*, de deux pieds de long, de 15 à 18 pouces de large, & de 10 pouces d'épaisseur; on le fait creuser jusqu'à une profondeur *m n, figure 5*, d'environ quatre pouces, pour former la fosse qui doit contenir le mercure: & pour qu'on puisse y remplir plus commodément les cloches ou jarres, on y fait creuser en outre une profonde rigole TV, *figures 3, 4 & 5*, de quatre autres pouces au moins de profondeur: enfin, comme cette rigole pourroit être embarrassante dans quelques expériences, il est bon qu'on puisse la boucher & la condamner à volonté, & l'on remplit cet objet au moyen de petites planches qui entrent dans une rainure *x y, figure 5*. Je me suis

déterminé à faire conſtruire deux cuves de mar‑
bre, ſemblables à celle que je viens de décrire,
mais de grandeurs différentes; j'en ai toujours
par ce moyen une des deux qui me ſert de
réſervoir pour conſerver le mercure, & c'eſt
de tous les réſervoirs le plus ſûr & le moins
ſujet aux accidens.

On peut opérer dans le mercure avec cet
appareil, exactement comme dans l'eau : il faut
ſeulement employer des cloches très-fortes &
d'un petit diamètre, ou des tubes de criſtal qui
ont un empâtement par le bas, comme celui
repréſenté, *fig. 7*; les fayenciers qui les tiennent,
les nomment eudiomètres. On voit une de ces
cloches en place A, *fig. 5*, & ce qu'on nomme
une jarre, *fig. 6*.

L'appareil pneumato‑chimique au mercure
eſt néceſſaire pour toutes les opérations où il
ſe dégage des gaz ſuſceptibles d'être abſorbés
par l'eau, & ce cas n'eſt pas rare, puiſqu'il a
lieu généralement dans toutes les combuſtions,
à l'exception de celle des métaux.

### §. II. *Du Gazomètre.*

Je donne le nom de gazomètre à un inſtru‑
ment dont j'ai eu la première idée, & que
j'avois fait exécuter dans la vue de former un
ſoufflet qui pût fournir continuellement & uni‑

formément un courant de gaz oxygène pour des expériences de fufion. Depuis, nous avons fait, M. Meufnier & moi, des corrections & des additions confidérables à ce premier effai, & nous l'avons transformé en un inftrument pour ainfi dire univerfel, dont il fera difficile de fe paffer toutes les fois qu'on voudra faire des expériences exactes.

Le nom feul de cet inftrument indique affez qu'il eft deftiné à mefurer le volume des gaz. Il confifte en un grand fléau de balance, de trois pieds de longueur DE, *planche VIII*, *fig. 1*, conftruit en fer & très-fort. A chacune de fes extrêmités DE, eft folidement fixée une portion d'arc de cercle également en fer.

Ce fléau ne repofe pas, comme dans les balances ordinaires, fur un couteau; on y a fubftitué un tourillon cylindrique d'acier F, *fig. 9*, qui porte fur des rouleaux mobiles: on eft parvenu ainfi à diminuer confidérablement la réfiftance qui pouvoit mettre obftacle au libre mouvement de la machine, puifque le frottement de la première efpèce fe trouve converti en un de la feconde. Ces rouleaux font en cuivre jaune & d'un grand diamètre: on a pris de plus la précaution de garnir les points qui fupportent l'axe ou tourillon du fléau, avec des bandes de criftal de roche. Toute cette fufpen-

fion eft établie fur une colonne folide, de
bois B C, *fig. 1.*

A l'extrémité D de l'un des bras du fléau,
eft fufpendu un plateau de balance P, deftiné
à recevoir des poids. La chaîne qui eft plate
s'applique contre la circonférence de l'arc *n o*,
dans une rainure pratiquée à cet effet. A l'extrêmité E de l'autre bras du levier, eft atta-
chée une chaîne également plate *i k m*, qui
par fa conftruction n'eft pas fufceptible de s'allonger ni de fe racourcir, lorfqu'elle eft plus
ou moins chargée. A cette chaîne eft adapté
folidement en *i* un étrier de fer à trois branches *a i*, *c i*, *h i*, qui fupporte une grande
cloche A de cuivre battu, de 18 pouces de
diamètre fur environ 20 pouces de hauteur.

On a repréfenté toute cette machine en perfpective dans la *planche VIII, fig. 1 ;* on l'a
fuppofée au contraire, *planche IX, fig. 2 & 4,*
partagée en deux par un plan vertical, pour
laiffer voir l'intérieur. Tout autour de la cloche
dans le bas, *planche IX, fig. 2,* eft un rebord
relevé en-dehors & qui forme une capacité
partagée en différentes cafes 1, 2, 3, 4, &c.
Ces cafes font deftinées à recevoir des poids
de plomb repréfentés féparément 1, 2, 3. Ils
fervent à augmenter la pefanteur de la cloche
dans les cas où l'on a befoin d'une preffion

confidérable, comme on le verra dans la fuite ;
ces cas au furplus font extrêmement rares. La
cloche cylindrique A eft entièrement ouverte
par fon fond *de*, *planc. IX*, *fig. 4*; elle eft
fermée par le haut au moyen d'une calotte de
cuivre *a b c*, ouverte en *b f*, & fermée par le
moyen d'un robinet *g*. Cette calotte, comme
on le voit par l'infpection des figures, n'eft pas
placée tout-à-fait à la partie fupérieure du cylindre ; elle eft rentrée en dedans de quelques
pouces, afin que la cloche ne foit jamais plongée en entier fous l'eau, & qu'elle n'en foit
pas recouverte. Si j'étois dans le cas de faire
reconftruire un jour cette machine, je défirerois
que la calotte fût beaucoup plus furbaiffée, de
manière qu'elle ne formât prefque qu'un plan.

Cette cloche ou réfervoir à air eft reçue dans
un vafe cylindrique L M N O, *planche XIII*,
*figure 1*, également de cuivre & qui eft plein
d'eau.

Au milieu de ce vafe cylindrique L M N O,
*planche IX*, *fig. 4*, s'élèvent perpendiculairement deux tuyaux *f t*, *x y*, qui fe rapprochent
un peu l'un de l'autre par leur extrêmité fupérieure *t y*. Ces tuyaux fe prolongent jufqu'un
peu au-deffus du niveau du bord fupérieur L M
du vafe L M N O. Quand la cloche *a b c d e*
touche le fond N O, ils entrent d'un demi-

pouce environ dans la capacité conique *b*, qui conduit au robinet *g*.

La *figure 3*, *pl. IX*, repréſente le fond du vaſe LMNO. On voit au milieu une petite calotte ſphérique creuſe en-deſſous, aſſujettie & ſoudée par ſes bords au fond du vaſe. On peut la conſidérer comme le pavillon d'un petit entonnoir renverſé, auquel s'adaptent en *s* & en *x* les tuyaux *st*, *xy*, *fig. 4*. Ces tuyaux ſe trouvent par ce moyen en communication avec ceux *mm*, *nn*, *oo*, *pp*, qui ſont placés horiſontalement ſur le fond de la machine, *fig. 3*, & qui, tous quatre, ſe réuniſſent dans la calotte ſphérique *sx*.

De ces quatre tuyaux, trois ſortent en dehors du vaſe LMNO, & on peut les ſuivre *pl. VIII*, *fig. 1*. L'un déſigné par les chiffres arabes 1, 2, 3, s'ajuſte en 3 avec la partie ſupérieure d'une cloche V, & par l'intermède du robinet 4. Cette cloche eſt poſée ſur la tablette d'une petite cuve GHIK, doublée de plomb & dont l'intérieur ſe voit *planche IX*, *fig. 1*.

Le ſecond tuyau eſt appliqué contre le vaſe LMNO, de 6 en 7 : il ſe continue enſuite en 7, 8, 9 & 10, & vient s'engager en 11 ſous la cloche V. Le premier de ces deux tuyaux eſt deſtiné à introduire le gaz dans la machine ; le ſecond à en faire paſſer des eſſais

fous des cloches. On détermine le gaz à entrer
ou à fortir, fuivant le degré de preffion qu'on
donne, & on parvient à·faire varier cette preffion en chargeant plus ou moins le baffin P.
Lors donc qu'on veut introduire de l'air, on
donne une preffion nulle & quelquefois même
négative. Lorfqu'au contraire on veut en faire
fortir, on augmente la preffion jufqu'au degré
où on le juge à propos.

Le troifième tuyau 12, 13, 14, 15 eft deftiné à conduire l'air ou le gaz à telle diftance
qu'on le juge à propos pour les combuftions,
combinaifons ou autres opérations de ce genre.

Pour entendre l'ufage du quatrième tuyau,
il eft néceffaire que j'entre dans quelques explications. Je fuppofe que le vafe L M N O,
*fig.* 1, foit rempli d'eau, & que la cloche A
foit en partie pleine d'air & en partie pleine
d'eau : il eft évident qu'on peut proportionner
tellement les poids placés dans le baffin P, qu'il
y ait un jufte équilibre & que l'air ne tende ni
à rentrer dans la cloche A, ni à en fortir ; l'eau
dans cette fuppofition fera au même niveau
en-dedans & au-dehors de la cloche, Il n'en
fera plus de même, fitôt qu'on aura diminué
le poids placé dans le baffin P, & qu'il y aura
preffion du côté de la cloche : alors le niveau
de l'eau fera plus bas dans l'intérieur qu'à l'ex-

térieur de la cloche, & l'air de l'intérieur se trouvera plus chargé que celui du dehors, d'une quantité qui sera mesurée exactement par le poids d'une colonne d'eau d'une hauteur égale à la différence des deux niveaux.

M. Meusnier, en partant de cette observation, a imaginé d'en déduire un moyen de reconnoître dans tous les instans le degré de pression qu'éprouveroit l'air contenu dans la capacité de la cloche A, *planche VIII*, *fig. 1*. Il s'est servi à cet effet d'un siphon de verre à deux branches 19, 20, 21, 22 & 23, solidement mastiqué en 19 & en 23. L'extrêmité 19 de ce siphon communique librement avec l'eau de la cuve ou vase extérieur. L'extrêmité 23 au contraire communique avec le quatrième tuyau dont je me suis réservé il n'y a qu'un moment d'expliquer l'usage, & par conséquent avec l'air de l'intérieur de la cloche, par le tuyau *s t*, *pl. IX*, *fig. 4*. Enfin M. Meusnier a mastiqué en 16, *planche VIII*, *fig. 1*, un autre tube droit de verre 16, 17, 18, qui communique par son extrêmité 16 avec l'eau du vase extérieur : il est ouvert à l'air libre par son extrêmité supérieure 18.

Il est clair, d'après ces dispositions, que l'eau doit se tenir dans le tube 16, 17 & 18, constamment au niveau de celle de la cuve ou vase extérieur; que l'eau au contraire dans la branche 19, 20 & 21, doit se tenir plus haut ou plus bas, suivant que l'air de l'intérieur de la cloche est plus ou moins pressé que l'air extérieur, & que la différence de hauteur entre ces deux colonnes, observée dans le tube 16, 17 & 18, & dans celui 19, 20 & 21, doit donner exactement la mesure de la différence de pression. On a fait placer en conséquence entre ces deux tubes une règle de cuivre graduée & divisée en pouces & lignes, pour mesurer ces différences.

On conçoit que l'air & en général tous les fluides élastiques aériformes étant d'autant plus lourds qu'ils sont plus comprimés, il étoit nécessaire, pour en évaluer les quantités & pour convertir les volumes en poids, d'en connoître l'état de compression: c'est l'objet qu'on s'est proposé de remplir par le méchanisme qu'on vient d'exposer.

Mais ce n'est pas encore assez pour connoître la pesanteur spécifique de l'air ou des gaz & pour déterminer leur poids sous un volume connu, que de savoir quel est le degré de compression qu'ils éprouvent, il faut encore en connoître la température, & c'est à quoi nous sommes parvenus à l'aide d'un petit thermomètre dont la boule plonge dans la cloche A, & dont la graduation s'élève en dehors : il eſt ſolidement maſtiqué dans une virole de cuivre qui ſe viſſe à la calote ſupérieure de la cloche A. *Voyez* 24 & 25, *planche VIII, fig. 1*, & *pl. IX, fig. 4.* Ce même thermomètre eſt repréſenté ſéparément, *pl. VIII, fig. 10.*

L'uſage du gazomètre auroit encore préſenté de grands embarras & de grandes difficultés, ſi nous nous fuſſions bornés à ces ſeules précautions. La cloche, en s'enfonçant dans l'eau du vaſe extérieur LMNO, perd de ſon poids, & cette perte de poids eſt égale à celui de l'eau qu'elle déplace. Il en réſulte que la preſſion qu'éprouve l'air ou le gaz contenu dans la cloche, diminue continuellement à meſure qu'elle s'enfonce ; que le gaz qu'elle a fourni dans le premier inſtant, n'eſt pas de la même denſité que celui qu'elle fournit à la fin ; que ſa peſanteur ſpécifique va continuellement en décroiſſant ; & quoiqu'à la rigueur ces différences puiſſent être déterminées par le calcul, on auroit été obligé à des recherches mathématiques qui auroient rendu l'uſage de cet appareil embarraſſant & difficile. Pour remédier à cet inconvénient, M. Meuſnier a imaginé d'élever perpendiculairement au milieu du fléau une tige quarrée de fer 26 & 27, *pl. VIII, fig. 1*, qui traverſe une lentille creuſe de cuivre 28, qu'on

ouvre

ouvre & qu'on peut remplir de plomb. Cette lentille gliſſe le long de la tige 26 & 27 ; elle ſe meut par le moyen d'un pignon denté qui engraine dans une crémaillère, & elle ſe fixe à l'endroit qu'on juge à propos.

Il eſt clair que quand le levier DE eſt horiſontal, la lentille 28 ne pèſe ni d'un côté ni d'un autre ; elle n'augmente donc ni ne diminue la preſſion. Il n'en eſt plus de même quand la cloche A s'enfonce davantage & que le levier s'incline d'un côté, comme on le voit *fig. 1.* Alors le poids 28 qui n'eſt plus dans la ligne verticale qui paſſe par le centre de ſuſpenſion, pèſe du côté de la cloche & augmente ſa preſſion. Cet effet eſt d'autant plus grand, que la lentille 28 eſt plus élevée vers 27, parce que le même poids exerce une action d'autant plus forte, qu'il eſt appliqué à l'extrêmité d'un levier plus long. On voit donc qu'en promerant le poids 28 le long de la tige 26 & 27, ſuivant laquelle il eſt mobile, on peut augmenter ou diminuer l'effet de la correction qu'il opère ; & le calcul comme l'expérience, prouvent qu'on peut arriver au point de compenſer fort exactement la perte de poids que la cloche éprouve à tous les degrés de preſſion.

Je n'ai encore rien dit de la manière d'évaluer les quantités d'air ou de gaz fournies par la machine, & cet article eſt de tous le plus important. Pour déterminer avec une rigoureuſe exactitude ce qui s'eſt dépenſé dans le cours d'une expérience, & réciproquement pour ſavoir ce qui en a été fourni, nous avons établi ſur l'arc de cercle qui termine le levier DE, *fig. 1*, un limbe de cuivre *lm* diviſé en degrés & demi-degrés ; cet arc eſt fixé au levier DE, & il eſt emporté par un mouvement commun. On meſure les quantités dont il s'abaiſſe, au moyen d'un index fixe 29, 30, qui ſe termine en 30 par un *nonnius* qui donne les centièmes de degré.

On voit, *planche VIII*, les détails des différentes parties que nous venons de décrire.

1°. *Figure 2*, la chaîne plate qui ſoutient le baſſin de balance P ; c'eſt celle de M. Vaucanſon : mais comme elle a l'inconvénient de s'allonger ou de ſe raccourcir ſuivant qu'elle eſt plus ou moins chargée, il y auroit eu de l'inconvénient à l'employer à la ſuſpenſion de la cloche A.

2°. *Figure 5*, la chaîne *i k m*, qui, dans la *figure 1* porte la cloche A : elle eſt toute formée de plaques de fer limées, enchevêtrées les unes dans les autres, & maintenues par des chevilles de fer. Quelque fardeau qu'on faſſe ſupporter à ce genre de chaîne, elle ne s'alonge pas ſenſiblement.

3°. *Figure 6*, l'étrier à trois branches, par le moyen duquel eſt ſuſpendue la cloche **A** avec des vis de rappel, pour la fixer dans une poſition bien verticale.

4°. *Figure 3*, la tige 26, 27, qui s'élève perpendiculairement au milieu du fléau, & qui porte la lentille 28.

5°. *Figures 7 & 8*, les rouleaux avec la bande *z* de criſtal de roche, ſur laquelle portent les contacts, pour diminuer encore le frottement.

6°. *Figure 4*, la pièce qui porte l'axe des rouleaux.

7°. *Figure 9*, le milieu du fléau avec le tourillon ſur lequel il eſt mobile.

8°. *Figure 10*, le thermomètre qui donne le degré de l'air contenu dans la cloche.

Quand on veut ſe ſervir du gazomètre qu'on vient de décrire, il faut commencer par remplir d'eau le vaſe extérieur **L M N O**, *planche VIII fig. 1*, juſqu'à une hauteur déterminée, qui doit toujours être la même dans toutes les expériences. Le niveau de l'eau doit être pris quand le fléau de la machine eſt horiſontal. Ce niveau, quand la cloche eſt à fond, ſe trouve augmenté de toute la quantité d'eau qu'elle a déplacée ; il diminue au contraire à meſure que la cloche approche de ſon plus haut point d'élévation. On cherche enſuite par tâtonne-

mens quelle est l'élévation à laquelle doit être
fixée la lentille 28, pour que la pression soit
égale dans toutes les positions du fléau. Je dis
à peu près, parce que la correction n'est pas
rigoureuse, & que des différences d'un quart de
ligne & même d'une demi-ligne ne font d'aucune
conséquence. Cette hauteur à laquelle il faut
élever la lentille, n'est pas la même pour tous
les degrés de pression ; elle varie suivant que
cette pression est de 1 pouce, 2 pouces, 3 pouces, &c. Toutes ces déterminations doivent
être écrites à mesure sur un regiftre avec beaucoup d'ordre.

Ces premières difpofitions faites, on prend
une bouteille de huit à dix pintes, dont on
détermine bien la capacité en pefant exactement
la quantité d'eau qu'elle peut contenir. On ren-
verfe cette bouteille ainfi pleine dans la cuve
GHIK, *fig. 1*. On en pofe le gouleau fur la tablette
à la place de la cloche V, en engageant l'extrêmité 11 du tuyau 7, 8, 9, 10, 11 dans fon
gouleau. On établit la machine à zéro de preffion, & on obferve bien exactement le degré
marqué par l'index fur le limbe : puis ouvrant
le robinet 8 & appuyant un peu fur la cloche
A, on fait paffer autant d'air qu'il en faut pour
remplir entièrement la bouteille. Alors on obferve de nouveau le limbe, & on eft en état

de calculer le nombre de pouces cubes qui répondent à chaque degré.

Après cette première bouteille on en remplit une seconde, une troisième, &c. on recommence même plusieurs fois cette opération, & même avec des bouteilles de différentes capacités ; & avec du tems & une scrupuleuse attention on parvient à jauger la cloche A dans toutes ses parties. Le mieux est de faire en sorte qu'elle soit bien tournée & bien cylindrique, afin d'éviter les évaluations & les calculs.

L'instrument que je viens de décrire & que j'ai nommé gazomètre, a été construit par M. Meignié le jeune, ingénieur, constructeur d'instrumens de physique, breveté du Roi. Il y a apporté un soin, une exactitude & une intelligence rares. C'est un instrument précieux par le grand nombre des applications qu'on en peut faire, & parce qu'il est des expériences à peu près impossibles sans lui. Ce qui le renchérit, c'est qu'un seul ne suffit pas, il le faut double dans un grand nombre de cas, comme dans la formation de l'eau, dans celle de l'acide nitreux, &c. C'est un effet inévitable de l'état de perfection dont la Chimie commence à s'approcher, que d'exiger des instrumens & des appareils dispendieux & compliqués: il faut s'attacher sans doute à les simpli-

C iij

fier, mais il ne faut pas que ce foit aux dépens de leur commodité & fur-tout de leur exacti-tude.

### §. III.

#### *De quelques autres manières de mefurer le volume des Gaz.*

Le gazomètre dont je viens de donner la defcription dans le paragraphe précédent, eft un inftrument trop compliqué & trop cher, pour qu'on puiffe l'employer habituellement à la mefure des gaz dans les laboratoires ; il s'en faut même beaucoup qu'il foit applicable à toutes les circonftances. Il faut pour une mul-titude d'expériences courantes, des moyens plus fimples & qui foient, fi l'on peut fe per-mettre cette expreffion, plus à la main. Je vais détailler ici ceux dont je me fuis fervi jufqu'au moment où j'ai eu un gazomètre à ma difpo-fition, & dont je me fers encore aujourd'hui de préférence dans le cours ordinaire de mes expériences.

J'ai décrit dans le paragraphe premier de ce chapitre les appareils pneumato - chimiques à l'eau & au mercure. Ils confiftent comme on l'a vu, en cuves plus ou moins grandes fur la tablette defquelles fe pofent les cloches deftinées à recevoir les gaz. Je suppose qu'à la suite d'une expérience quelconque, on ait dans un appareil de cette espèce un résidu de gaz qui n'est absorbable ni par l'alkali ni par l'eau, qui est contenu dans le haut d'une cloche A E F, *planche IV*, *fig. 3*, & dont on veut connoître le volume. On commence par marquer avec une grande exactitude par le moyen de bandes de papier la hauteur EF de l'eau ou du mercure. Il ne faut pas se contenter d'appliquer une seule marque d'un des côtés de la cloche, parce qu'il pourroit rester de l'incertitude sur le niveau du liquide : il en faut au moins trois ou même quatre en opposition les unes aux autres.

On doit ensuite, si c'est sur du mercure qu'on opère, faire passer sous la cloche de l'eau pour déplacer le mercure. Cette opération se fait facilement avec une bouteille qu'on emplit d'eau à rase : on en bouche l'orifice avec le doigt, on la renverse & on engage son col sous la cloche ; puis retournant la bouteille, on en fait sortir l'eau qui s'élève au-dessus de la colonne de mercure & qui la déplace. Lorsque tout le mercure est ainsi déplacé, on verse de l'eau sur la cuve A B C D, de manière que le mercure en soit couvert d'un pouce environ. On passe une assiette ou un vase quelconque très-plat sous la cloche, & on l'enlève pour la tranfporter fur une cuve à eau, *planc. V, figures 1 & 2.* Alors on tranfvafe l'air dans une cloche qui a été graduée de la manière dont je vais l'expliquer, & on juge de la quantité du gaz par les graduations de la cloche.

A cette première manière de déterminer le volume du gaz, on peut en fubftituer une autre qu'il eft bon d'employer comme moyen de vérification. L'air ou le gaz une fois tranfvafé, on retourne la cloche qui le contenoit, & on y verfe de l'eau jufqu'aux marques EF ; on pèfe cette eau, & de fon poids on en conclut le volume, d'après cette donnée qu'un pied cube ou 1728 pouces d'eau pèfent 70 liv. On trouvera à la fin de cette troifième partie une table où ces réductions fe trouvent toutes faites.

La manière de graduer les cloches eft extrêmement facile, & je vais en donner le procédé afin que chacun puiffe s'en procurer. Il eft bon d'en avoir de plufieurs grandeurs, & même un certain nombre de chaque grandeur, pour y avoir recours en cas d'accident.

On prend une cloche de criftal un peu forte, longue & étroite ; on l'emplit d'eau dans la cuve repréfentée *planche V, fig. 1,* & on la pofe fur la tablette ABCD. On doit avoir une place déterminée qui ferve conftamment à ce genre d'opération, afin que le niveau de la tablette fur laquelle on pofe la cloche foit toujours le même ; on évite par-là prefque la feule erreur dont ce genre d'opération foit fufceptible.

D'un autre côté, on choifit une bouteille à gouleau étroit qui, pleine à rafe, contienne jufte 6 onces 3 gros 61 grains d'eau, ce qui répond à un volume de 10 pouces cubiques. Si on ne trouvoit pas de bouteille qui eût précifément cette capacité, on en prendroit une un peu plus grande, & on y couleroit un peu de cire fondue avec de la réfine, pour en diminuer la capacité : cette bouteille fert d'étalon pour jauger la cloche, & voici comme on y procède. On fait paffer l'air contenu dans cette bouteille dans la cloche qu'on fe propofe de graduer, puis on fait une marque à la hauteur jufqu'à laquelle eft defcendue l'eau. On ajoute une feconde mefure d'air & on fait une nouvelle marque ; on continue ainfi jufqu'à ce que toute l'eau de la cloche ait été déplacée. Il eft important pendant le cours de cette opération, que la bouteille & la cloche foient maintenues conftamment à la même température, & que cette température diffère peu de celle de l'eau de la cuve. On doit donc éviter d'appliquer les mains fur la cloche, ou au moins de les y tenir long-tems, pour ne la pas échauffer : fi même on craignoit qu'elle ne l'eût été, il faudroit verfer deffus de l'eau de la cuve pour la rafraîchir. La hauteur du baromètre & du thermomètre eft indifférente pour cette opération, pourvu qu'elle ne varie pas pendant qu'elle dure.

Lorfque les marques ont été ainfi placées de 10 pouces en 10 pouces fur la cloche, on y trace une graduation avec une pointe de diamant emmanchée dans une petite tige de fer. On trouve des diamans ainfi montés pour un prix modique au Louvre, chez le fucceffeur de Paffement. On peut graduer de la même manière des tubes de criftal pour le mercure : on les divife alors de pouce en pouce & même de dixièmes de pouce en dixièmes de pouce. La bouteille qui fert de jauge doit contenir jufte 8 onces 6 gros 25 grains de mercure ; c'eft le poids équivalent à un pouce cubique.

Cette manière de déterminer les volumes d'air, au moyen d'une cloche graduée, comme on vient de l'expofer, a l'avantage de n'exiger aucune correction pour la différence de hauteur qui exifte entre le niveau de l'eau dans l'intérieur de la cloche, & celui de l'eau de la cuve : mais il ne difpenfe pas des corrections relatives à la hauteur du baromètre & du thermomètre. Lorsqu'on détermine au contraire le volume de l'air par le poids de l'eau contenue jusqu'aux marques EF, on a une correction de plus à faire pour la différence des niveaux du fluide en-dedans & en-dehors de la cloche, comme je l'expliquerai dans le §. V de ce chapitre.

## §. IV.

### De la manière de séparer les unes des autres les différentes espèces de Gaz.

On n'a présenté dans le paragraphe précédent qu'un cas des plus simple, celui où l'on se propose de déterminer le volume d'un gaz pur non absorbable par l'eau : les expériences conduisent ordinairement à des résultats plus compliqués, & il n'est pas rare d'obtenir à la fois trois ou quatre espèces de gaz différentes. Je vais essayer de donner une idée de la manière dont on parvient à les séparer.

Je suppose que j'aye sous la cloche A, *pl. IV, fig. 3*, une quantité AEF de différens gaz, mêlés ensemble & contenus par du mercure : on doit commencer par marquer exactement avec des bandes de papier, comme je l'ai prescrit dans le paragraphe précédent, la hauteur du mercure; on fait ensuite passer sous la cloche une très-petite quantité d'eau, d'un pouce cubique, par exemple : si le mélange de gaz contient du gaz acide muriatique ou du gaz acide sulfureux, il y aura sur-le-champ une absorption très-considérable, parce que c'est une propriété de ces gaz d'être absorbés en grande quantité par l'eau, sur-tout le gaz acide muriatique. Si le pouce cube d'eau qui a été introduit ne produit qu'une très légère absorption & à peine égale à son volume, on en conclura que le mélange ne contient ni gaz acide muriatique, ni gaz acide sulfureux, ni même de gaz ammoniaque; mais on commencera dès-lors à soupçonner qu'il est mélangé de gaz acide carbonique, parce qu'en effet l'eau n'absorbe de ce gaz qu'un volume à peu près égal au sien. Pour vérifier ce soupçon, on introduira sous la cloche de l'alkali caustique en liqueur : s'il y a du gaz acide carbonique, on observera une absorption lente & qui durera plusieurs heures; l'acide carbonique se combinera avec l'alkali caustique ou potasse, & ce qui restera ensuite n'en contiendra pas sensiblement.

On n'oubliera pas à la suite de chaque expérience de coller des marques de papier sur la cloche, à l'endroit où répondra la surface du mercure, & de les vernir dès qu'elles seront sèches, afin qu'on puisse plonger la cloche dans l'eau fans rifquer de les décoller. Il fera également néceffaire de tenir note de la différence de niveau entre le mercure de la cloche & celui de la cuve, ainfi que de la hauteur du baromètre & du degré du thermomètre.

Lorfqu'on aura ainfi abforbé par l'eau & par la potaffe tous les gaz qui en font fufceptibles, on fera paffer de l'eau fous la cloche pour en déplacer tout le mercure; on couvrira, comme je l'ai prefcrit dans le paragraphe précédent, le mercure de la cuve d'environ deux pouces d'eau; puis paffant par-deffous la cloche une affiette plate, on la tranfportera fur la cuve pneumato-chimique à l'eau : là on déterminera la quantité d'air ou de gaz reflant, en la faifant paffer dans une cloche graduée. Cela fait, on en prendra différens effais dans de petites jarres, & par des expériences préliminaires on cherchera à reconnoître quels font à peu près les gaz auxquels on a affaire. On introduira par exemple dans une des petites jarres remplie de ce gaz une bougie allumée, comme on le voit repréfenté *planche V, fig. 8.* Si la bougie ne s'y éteint pas, on en conclura qu'il contient du gaz oxygène, & même, fuivant que la flamme de la bougie fera plus ou moins éclatante, on pourra juger s'il en contient plus ou moins que l'air de l'atmofphère. Dans le cas au contraire où la bougie s'y éteindroit, on auroit une forte raison de préfumer que ce réfidu eft, pour la plus grande partie, du gaz azote. Si à l'approche de la bougie le gaz s'enflamme & brûle paifiblement à la furface avec une flamme de couleur blanche, on en conclura que c'eft du gaz hydrogène pur; fi elle eft bleue, on aura lieu d'en conclure que ce gaz eft carboné : enfin s'il brûle avec bruit & détonation, c'eft un mélange de gaz oxygène & de gaz hydrogène.

On peut encore mêler une portion du même gaz avec du gaz oxygène ; s'il y a vapeurs rouges & abforption, on en conclura qu'il contient du gaz nitreux.

Ces connoiffances préliminaires donnent bien une idée de la qualité du gaz & de la nature du mélange ; mais elles ne fuffifent pas pour déterminer les proportions & les quantités. Il faut alors avoir recours à toutes les reffources de l'analyfe, & c'eft beaucoup que de favoir à peu près dans quel fens il faut diriger fes efforts. Je fuppofe que l'on ait reconnu que le réfidu fur lequel on opère foit un mélange de gaz azote & de gaz oxygène : pour en reconnoître la proportion, on en fait paffer une quantité déterminée, 100 parties par exemple, dans un tube gradué de 10 à 12 lignes de diamètre : on y introduit du sulfure de potasse diffous dans l'eau, & on laisse le gaz en contact avec cette liqueur ; elle absorbe tout le gaz oxygène, & au bout de quelques jours il ne reste que du gaz azote.

Si au contraire on a reconnu qu'on avoit affaire à du gaz hydrogène, on en fait passer une quantité déterminée dans un eudiomètre de Volta ; on y joint une première portion de gaz oxygène, qu'on fait détoner avec lui par l'étincelle électrique : on ajoute une seconde portion du même gaz oxygène, & on fait détoner de nouveau, & ainsi jusqu'à ce qu'on ait obtenu la plus grande diminution possible de volume. Il se forme, comme on sait, dans cette détonation, de l'eau qui est absorbée sur-le-champ ; mais si le gaz hydrogène contenoit du carbone, il se forme en même tems de l'acide carbonique qui ne s'absorbe pas aussi promptement, & dont on peut reconnoître la quantité en facilitant son absorption par l'agitation de l'eau.

Enfin si on a du gaz nitreux, on peut encore en déterminer la quantité, du moins à peu près, par une addition de gaz oxygène, & d'après la diminution du volume qui en résulte.

Je m'en tiendrai à ces exemples généraux qui suffisent pour donner une idée de ce genre d'opérations. Un volume entier ne suffiroit pas, si l'on vouloit prévoir tous les cas. L'analyse des gaz est un art avec lequel il faut se familiariser ; mais comme ils ont la plupart de l'affinité les uns avec les autres, il faut avouer qu'on n'est pas toujours sûr de les avoir complètement séparés. C'est alors qu'il faut changer de marche & de route, refaire d'autres expériences sous une autre forme, introduire quelque nouvel agent dans la combinaison, en écarter d'autres, jusqu'à ce qu'on soit sûr d'avoir saisi la vérité.

## §. V.

*Des corrections à faire au volume des Gaz obtenus dans les expériences, relativement à la pression de l'atmosphère.*

C'est une vérité donnée par l'expérience, que les fluides élastiques en général sont compressibles en raison des poids dont ils sont chargés. Il est possible que cette loi souffre quelqu'altération aux approches du degré de compression qui seroit suffisant pour les réduire à l'état liquide, & de même à un degré de dilatation ou de compression extrême : mais nous ne sommes pas près de ces limites pour la plupart des gaz que nous soumettons à des expériences.

Quand je dis que les fluides élastiques sont compressibles

compreffibles en raifon des poids dont ils font chargés, voici comme il faut entendre cette propofition.

Tout le monde fait ce que c'eft qu'un baromètre. C'eft, à proprement parler, un fiphon ABCD, *pl. XII, fig. 16*, plein de mercure dans la branche A B, plein d'air dans la branche BCD. Si l'on fuppofe mentalement cette branche BCD prolongée indéfiniment jufqu'au haut de notre atmofphère, on verra clairement que le baromètre n'eft autre chofe qu'une forte de balance, un inftrument dans lequel on met une colonne de mercure en équilibre avec une colonne d'air. Mais il eft facile de s'appercevoir que, pour que cet effet ait lieu, il eft parfaitement inutile de prolonger la branche BCD à une auffi grande hauteur, & que comme le baromètre eft plongé dans l'air, la colonne A B de mercure fera également en équilibre avec une colonne de même diamètre d'air de l'atmofphère, quoique la branche du fiphon B C D foit coupée en C & qu'on en retranche la partie C D.

La hauteur moyenne d'une colonne de mercure capable de faire équilibre avec le poids d'une colonne d'air prife depuis le haut de l'atmofphère jufqu'à la furface de la terre, eft de 28 pouces de mercure, du moins à Paris & même dans les quartiers bas de la ville : ce qui fignifie en d'autres termes que l'air à la furface de la terre à Paris, eft communément preffé par un poids égal à celui d'une colonne de mercure de 28 pouces de hauteur. C'eft ce que j'ai voulu exprimer dans cet ouvrage, lorfque j'ai dit en parlant des différens gaz, par exemple du gaz oxygène, qu'il pefoit 1 once 4 gros le pied cube, fous une preffion de 28 pouces. La hauteur de cette colonne de mercure diminue à mefure que l'on s'élève & qu'on s'éloigne de la furface de la terre, ou, pour parler plus rigoureufement, de la ligne de niveau formée par la furface de la mer; parce qu'il n'y a que la colonne d'air fupérieure au baromètre qui faffe équilibre avec le mercure, & que la preffion de toute la quantité d'air qui eft au - deffous du niveau où il eft placé, eft nulle par rapport à lui.

Mais, fuivant quelle loi le baromètre baiffe-t-il à mefure que l'on s'élève; ou, ce qui revient au même, quelle eft la loi fuivant laquelle les différentes couches de l'atmofphère décroiffent de denfité? C'eft ce qui a beaucoup exercé la fagacité des Phyficiens du dernier fiècle. L'expérience fuivante a d'abord jetté beaucoup de lumière fur cet objet.

Si l'on prend un fiphon de verre A B C D E, *planche XII*, *fig. 17*, fermé en E & ouvert

en A, & qu'on y introduife quelques gouttes
de mercure pour intercepter la communication
entre la branche AB & la branche BE, il eſt
clair que l'air contenu dans la branche BCDE
fera preſſé comme tout l'air environnant par
une colonne égale au poids de 28 pouces de
mercure. Mais ſi on verſe du mercure dans la
branche A B, juſqu'à 28 pouces de hauteur,
il eſt clair que l'air de la branche BCDE ſera
preſſé par un poids égal à deux fois 28 pouces
de mercure ; or l'expérience a démontré qu'a-
lors au lieu d'occuper le volume total B E, il
n'occupera plus que celui C E qui en eſt préciſément la moitié. Si à cette première colonne
de 28 pouces de mercure, on en ajoute deux
autres également de 28 pouces dans la branche
AC, l'air de la branche BCDE ſera comprimé par quatre colonnes chacune égale au poids
de 28 pouces de mercure, & il n'occupera plus
que l'eſpace DE, c'eſt-à-dire le quart du volume qu'il occupoit au commencement de l'expérience. De ces réſultats qu'on peut varier d'une
infinité de manières, on en a déduit cette loi générale qui paroît applicable à tous les fluides
élaſtiques, que leur volume décroît proportionnellement aux poids dont ils ſont chargés ; ce
qui peut auſſi s'énoncer en ces termes, que *le
volume de tout fluide élaſtique eſt en raiſon in-*

*verſe des poids dont il eſt comprimé.* Les expériences faites pour la meſure des hautes montagnes ont pleinement confirmé l'exactitude de ces réſultats, & en ſuppoſant qu'ils s'écartent de la vérité, les différences ſont ſi exceſſivement petites qu'elles peuvent être regardées comme rigoureuſement nulles dans les expériences chimiques.

Cette loi de la compreſſion des fluides élaſtiques une fois bien entendue, il eſt aiſé d'en faire l'application aux corrections qu'il eſt indiſpenſable de faire au volume des airs ou gaz dans les expériences pneumato-chimiques. Ces corrections ſont de deux genres ; les unes relatives à la variation du baromètre, les autres relatives à la colonne d'eau ou de mercure contenus dans les cloches. Je vais faire en ſorte de me rendre intelligible par des exemples : je commencerai par le cas le plus ſimple.

Je ſuppoſe qu'on ait obtenu 100 pouces de gaz oxygène à 10 degrés de température, le baromètre marquant 28 pouces 6 lignes. On peut demander deux choſes ; la première quel eſt le volume que les 100 pouces occuperoient ſous une preſſion de 28 pouces, au lieu de 28 pouces 6 lignes ; la ſeconde quel eſt le poids des 100 pouces de gaz obtenus ?

Pour répondre à ces deux queſtions, on nommera $x$ le nombre de pouces cubiques qu'occùperoient les 100 pouces de gaz oxygène, à la preffion de 28 pouces; & puifque les volumes font en raifon inverfe des poids comprimans, on aura 100, $^{\text{rouces}}: x :: \frac{1}{285} : \frac{1}{280}$; d'où l'on déduit aifément $x = 101{,}786$. C'eft-à-dire, que le même air qui n'occupoit qu'un efpace de 100 pouces cubiques, fous une preffion de 28 pouces 6 lignes de mercure, en occuperoit un de $101{,}786$ $^{\text{pouces}}$, à la preffion de 28. Il n'eft pas plus difficile de conclure le poids des mêmes 100 pouces d'air, fous une preffion de 28 pouces 6 lignes. Car puifqu'ils répondent à $101{,}786$ $^{\text{pouces}}$, à la preffion de 28 pouces, & qu'à cette preffion & à 10 degrés du thermomètre, le pouce cube de gaz oxygène pèfe un demi-grain; il s'en fuit évidemment que les 100 pouces, fous une preffion de 28 pouces 6 lignes, pèfent $50{,}893$ $^{\text{grains}}$. On auroit pu arriver directement à cette conféquence par le raifonnement qui fuit: puifque les volumes de l'air, & en général d'un fluide élaftique quelconque, font en raifon inverfe des poids qui le compriment, il en réfulte par une conféquence néceffaire que la pefanteur de ce même air doit croître proportionnellement au poids comprimant. Si donc, 100 pouces cubiques de gaz oxygène pèfent 50 grains, à la preffion de 28 pouces, combien peferont - ils à la preffion de

$\overset{\text{pouces}}{28,5}$, on aura alors cette proportion , 28 :
50 :: 28,5 : $x$ ; d'où l'on conclura également
$x = \overset{\text{grains}}{50,893}.$

Je paffe à un cas un peu plus compliqué.
Je fuppofe que la cloche A , *planche XII, fig.*
*18* , contienne un gaz quelconque dans fa
partie fupérieure A C D ; que le rele de cette
même cloche foit rempli de mercure au-deffous
de C D, & que le tout foit plongé dans un
baffin G H I K contenant du mercure jufqu'en
E F. Enfin je fuppofe encore que la différence
C E de la hauteur du mercure dans la cloche
& dans le baffin foit de 6 pouces , & que la
hauteur du baromètre foit de 27 pouces 6 lignes. Il eft clair que d'après ces données, l'air
contenu dans la capacité A C D eft preffé par
le poids de l'atmofphère , diminué du poids
de la colonne de mercure C E. La force qui
le preffe eft donc égale à $\overset{\text{pouces}}{27,5} - 6,\overset{\text{pouces}}{} =$
$\overset{\text{pouces}}{21,5}.$ Cet air eft donc moins preffé que ne
l'eft l'air de l'atmofphère à la hauteur moyenne
du baromètre : il occupe donc plus d'efpace
qu'il n'en devroit occuper, & la différence eft
précifément proportionnelle à la différence des
poids qui le compriment. Si donc après avoir
mefuré l'efpace A B C, on l'a trouvé , par
exemple, de 120 pouces cubiques , il faudra

pour ramener le volume du gaz à celui qu'il occuperoit, à une preſſion de 28 pouces, faire la proportion ſuivante : 120 pouces eſt au volume cherché que j'appellerai $x$, comme $\dfrac{1}{21,5}$ eſt à $\dfrac{1}{28}$ ; d'où l'on déduira $x = \dfrac{120 \times 21,5}{28} = 92,143$ pouces.

On a le choix dans ces ſortes de calculs, ou de réduire en lignes la hauteur du baromètre, ainſi que la différence du niveau du mercure en-dedans & en-dehors de la cloche, ou de l'exprimer en fractions décimales de pouces. Je préfère ce dernier parti, qui rend le calcul plus court & plus facile. On ne doit point négliger les méthodes d'abréviations pour les opérations qui ſe répètent ſouvent : j'ai joint en conſéquence à la ſuite de cette troiſième partie, ſous le N°. IV, une table qui exprime les fractions décimales de pouces correſpondantes aux lignes & fractions de lignes. Rien ne ſera plus aiſé, d'après cette table, que de réduire en fractions décimales de pouces les hauteurs du mercure qu'on aura obſervées en lignes.

On a des corrections ſemblables à faire lorſqu'on opère dans l'appareil pneumato - chimique à l'eau. Il faut également, pour obtenir des réſultats rigoureux, tenir compte de la dif férence & auhuteur de l'eau en-dehors & en-dedans de la cloche. Mais, comme c'eſt en pouces & lignes du baromètre, & par conféquent en pouces & lignes de mercure, que s'exprime la preſſion de l'atmoſphère, & qu'on ne peut additionner enſemble que des quantités homogènes; on eſt obligé de réduire les différences de niveau exprimées en pouces & lignes d'eau, en une hauteur équivalente de mercure. On part, pour cette converſion, de cette donnée, que le mercure eſt 13,5681 fois auſſi peſant que l'eau. On trouve à la fin de cet Ouvrage fous le Nº. V, une table à l'aide de laquelle on peut faire promptement & facilement cette réduction.

## §. V I.

### *Des corrections relatives aux différens degrés du Thermomètre.*

De même que pour avoir le poids de l'air & des gaz il eſt néceſſaire de les réduire à une preſſion conſtante, telle que celle de 28 pouces de mercure; de même auſſi il eſt néceſſaire de les réduire à une température déterminée : car puiſque les fluides élaſtiques font fuſceptibles de ſe dilater par la chaleur & de ſe condenſer par le froid, il en réſulte néceſſairement qu'ils changent de denſité, & que leur peſan-

teur n'eſt plus la même ſous un volume donné.
La température de 10 degrés étant moyenne
entre les chaleurs de l'été & les froids de l'hiver, cette température étant celle des ſouter-
rains, & celle en même tems dont il eſt le plus
facile de ſe rapprocher dans preſque toutes les
ſaiſons de l'année, c'eſt celle que j'ai choiſie
pour y ramener les airs ou gaz.

M. de Luc a trouvé que l'air de l'atmoſphère augmentoit de $\frac{1}{215}$ de ſon volume par
chaque degré du thermomètre à mercure diviſé en 81 degrés de la glace à l'eau bouillante ; ce qui donne pour un degré du thermomètre à mercure diviſé en 80 parties, $\frac{1}{211}$.
Les expériences de M. Monge ſembleroient
annoncer que le gaz hydrogène eſt ſuſceptible d'une dilatation un peu plus forte ; il l'a
trouvée de $\frac{1}{180}$. A l'égard de la dilatation
des autres gaz, nous n'avons pas encore
d'expériences très-exactes ; celles du moins
qui exiſtent n'ont pas été publiées. Il paroît
cependant, à en juger par les tentatives que
l'on connoît, que leur dilatabilité s'éloigne
peu de celle de l'air commun. Je crois donc
pouvoir ſuppoſer que l'air de l'atmoſphère ſe
dilate de $\frac{1}{210}$ par chaque degré du thermomètre, & le gaz hydrogène de $\frac{1}{190}$ : mais comme
il reſte quelque incertitude ſur ces détermina-

tions, il faut, autant qu'il eſt poſſible, n'opérer qu'à une température peu éloignée de 10 degrés. Les erreurs qu'on peut alors commettre dans des corrections relatives au degré du thermomètre, ne ſont d'aucune conſéquence.

Le calcul à faire pour ces corrections eſt extrêmement facile ; il conſiſte à diviſer le volume de l'air obtenu par 210, & à multiplier le nombre trouvé par celui des degrés du thermomètre ſupérieur ou inférieur à 10 degrés. Cette correction eſt négative au-deſſus de dix degrés, & additive au-deſſous. Le réſultat qu'on obtient eſt le volume réel de l'air à la température de 10 degrés.

On abrège & on facilite beaucoup tous ces calculs, en employant des tables de logarithmes.

## §. V I I.

*Modèle de calcul pour les Corrections relatives au degré de preſſion & de température.*

Maintenant que j'ai indiqué la manière de déterminer le volume des airs ou gaz & de faire à ce volume les corrections relatives à la preſſion & à la température, il me reſte à donner un exemple pris dans un cas compliqué, afin de mieux faire ſentir l'uſage des tables qui ſe trouvent à la fin de cet Ouvrage.

*Exemple.*

On a renfermé dans une cloche A , *pl. IV*, *fig. 3*, une quantité d'air A E F, qui s'est trouvée occuper un volume de 353 pouces cubiques. Cet air étoit contenu par de l'eau , & la hauteur E L de la colonne d'eau dans l'intérieur de la cloche étoit de 4 pouces & demi au-deſſus du niveau de celle de la cuve ; enfin le baromètre étoit à 27 pouces 9 lignes & demie , & le thermomètre à 15 degrés.

On a brûlé dans cet air une ſubſtance quelconque , telle que du phoſphore , dont le réſultat eſt l'acide phoſphorique qui , loin d'être dans l'état de gaz , eſt au contraire dans l'état concret. L'air reſtant après la combuſtion occupoit un volume de 295 pouces ; la hauteur de l'eau dans l'intérieur de la cloche étoit de 7 pouces au-deſſus de celle de la cuve , le baromètre à 27 pouces 9 lignes $\frac{1}{4}$ , & le thermomètre à 16 degrés.

Il eſt queſtion , d'après ces données , de déterminer quel eſt le volume de l'air avant & après la combuſtion , & d'en conclure le volume de la partie qui a été abſorbée.

*Calcul avant la combuſtion.*

L'air contenu dans la cloche occupoit un volume de 353 pouces.

Mais il n'étoit preſſé que par une colonne de 27 pouces 9 lignes $\frac{1}{2}$, ou en fractions décimales de pouces ( *voyez* table , N°. IV. ) de

$$\dots\dots\dots\dots\dots\dots\overset{\text{pouces}}{27,79167}$$

Sur quoi il y a encore à déduire la différence de niveau de 4 pouces $\frac{1}{2}$ d'eau ; ce qui répond en mercure ( *voyez* la table , N°. V. ) à

$$\dots\dots\dots\dots\dots\dots\dots 0,33166$$

La preſſion réelle dont cet air étoit chargé, n'étoit donc que de

$$\dots 27,46001$$

Le volume des fluides élaſtiques diminuant en général en raiſon inverſe des poids qui les compriment , il eſt clair, d'après ce que nous avons dit plus haut, que pour avoir le volume des 353 pouces ſous une preſſion de 28 pouces, il faudra dire :

$$\overset{\text{pouces}}{353} : x :: \frac{1}{27,46001} : \frac{1}{28}.$$

D'où l'on conclura :

$$x = \frac{353 \times 27,46001}{28} = \overset{\text{pouces}}{346,192}. \text{ C'eſt}$$

le volume qu'auroit occupé ce même air ſous une preſſion de vingt-huit pouces. Le 210$^{\text{e}}$ de ce volume égale $\overset{\text{pouces}}{1,650}$ ; ce qui donne pour les 5 degrés ſupérieurs au dixième degré du thermomètre , $\overset{\text{pouces}}{8,255}$ ; & comme cette correction eſt fouftractive, on en conclura que le volume de l'air, toute correction faite, étoit avant la combuftion de 337.942.

### Calcul après la combuftion.

En faifant le même calcul fur le volume de l'air après la combuftion, on trouvera que la preffion étoit alors de 27,77083 — 0,51593 = 27,25490. Ainfi, pour avoir le volume de l'air à 28 pouces de preffion, il faudra multiplier 295 pouces, volume trouvé après la combuftion, par 27,25490, & le divifer par 28 ; ce qui donnera pour le volume corrigé, 287,150.

Le 210e de ce volume eft 1,368, qui, multiplié par fix degrés, donne pour correction négative de la température, 8,208.

D'où il réfulte que le volume de l'air, toutes corrections faites, étoit après la combuftion de 278,942.

### Réfultat.

Le volume, toutes corrections faites, avant la combuftion étoit de...........337,942

Il étoit après la combuftion de....278.942

Donc quantité d'air abforbé par la combuftion du phofphore....... 59,000

## §. VIII.

### De la manière de déterminer le poids abſolu des différens Gaz.

Dans tout ce que je viens d'expoſer ſur la manière de meſurer le volume des gaz & d'y faire les corrections relatives au degré de preſſion & de température, j'ai ſuppoſé qu'on en connoiſſoit la peſanteur ſpécifique, & qu'on pouvoit en conclure leur poids abſolu : il me reſte à donner une idée des moyens par leſquels on peut parvenir à cette connoiſſance.

On a un grand ballon A , *planc.* V , *fig.* 10, dont la capacité doit être d'un demi-pied cube, c'eſt-à-dire, de 17 à 18 pintes au moins ; on y maſtique une virole de cuivre *b c d e* à laquelle s'adapte à vis en *d e*, une platine à laquelle tient un robinet *f g*. Enfin le tout ſe viſſe, au moyen d'un double écrou repréſenté, *figure 12*, ſur une cloche B C D dont la capacité doit être de quelques pintes plus grande que celle du ballon. Cette cloche eſt ouverte par le haut, & ſa tubulure eſt garnie d'une virole de cuivre *h i*, & d'un robinet *l m* ; un de ces robinets eſt repréſenté ſéparément, *figure 11*.

La première opération à faire eſt de déterminer la capacité de ce ballon ; on y parvient

en l'empliſſant d'eau, & en le peſant pour en connoître la quantité. Enſuite on vuide l'eau, &
on sèche le ballon en y introduiſant un linge
par l'ouverture *d e* ; les derniers veſtiges d'humidité diſparoiſſent d'ailleurs, lorſqu'on a fait une
ou deux fois le vuide dans le ballon.

Quand on veut déterminer la peſanteur d'un
gaz, on viſſe le ballon A ſur la platine de la
machine pneumatique, au-deſſous du robinet *f g*.
On ouvre ce même robinet, & on fait le vuide
du mieux qu'il eſt poſſible, ayant grand ſoin
d'obſerver la hauteur à laquelle deſcend le baromètre d'épreuve. Le vuide fait, on referme
le robinet, on pèſe le ballon avec une ſcrupu-
leuſe exactitude, après quoi on le reviſſe ſur
la cloche B C D, qu'on ſuppoſe placée ſur la
tablette de la cuve A B C D, *même planche*,
*fig. 1*. On fait paſſer dans cette cloche le gaz
qu'on veut peſer ; puis ouvrant le robinet *f g*
& le robinet *l m*, le gaz contenu dans la cloche
paſſe dans ballon A : en même tems l'eau
remonte dans la cloche B C D. Il eſt néceſſaire,
ſi l'on veut éviter une correction embarraſſante,
d'enfoncer la cloche dans la cuve juſqu'à ce
que le niveau de l'eau extérieure concoure avec
celui de l'eau contenue dans l'intérieur de la cloche. Alors on ferme les robinets, on déviſſe le
ballon & on le repèſe. Le poids, déduction faite

" de celui du ballon vuide, donne la pefanteur du volume d'air ou de gaz qu'il contient. En multipliant ce poids par 1728 pouces, & divifant le produit par un nombre de pouces cubes égal à la capacité du ballon, on a le poids du pied cube du gaz mis en expérience.

Il eſt néceſſaire de tenir compte dans ces déterminations de la hauteur du baromètre & du degré du thermomètre ; après quoi rien n'eſt plus aifé que de ramener le poids du pied cube qu'on a trouvé à celui qu'auroit eu le même gaz à 28 pouces de preſſion & à 10 degrés du thermomètre. J'ai donné dans le paragraphe précédent le détail des calculs qu'exige cette opération.

Il ne faut pas négliger non plus de tenir compte de la petite portion d'air reſtée dans le ballon, quand on a fait le vuide ; portion qu'il eſt facile d'évaluer, d'après la hauteur à laquelle s'eſt foutenu le baromètre d'épreuve. Si cette hauteur étoit, par exemple, d'un centième de la hauteur totale du baromètre, il en faudroit conclure qu'il eſt reſté un centième d'air dans le ballon, & le volume du gaz qui y avoit été introduit ne feroit plus que des $\frac{99}{100}$ du volume total du ballon.

CHAPITRE

# CHAPITRE III.

*Des Appareils relatifs à la mesure du Calorique.*

### Description du Calorimètre.

L'APPAREIL dont je vais essayer de donner une idée a été décrit dans un mémoire que nous avons publié M. de la Place & moi dans le recueil de l'Académie, année 1780, page 355. C'est de ce mémoire que sera extrait tout ce que contient cet article.

Si après avoir refroidi un corps quelconque à zéro du thermomètre, on l'expose dans une atmosphère, dont la température soit de 25 degrés au-dessus du terme de la congélation, il s'échauffera insensiblement depuis sa surface jusqu'à son centre, & se rapprochera peu-à-peu de la température de 25 degrés qui est celle du fluide environnant.

Il n'en sera pas de même d'une masse de glace qu'on auroit placée dans la même atmosphère; elle ne se rapprochera nullement de la température de l'air ambiant, mais elle restera constamment à zéro de température, c'est-à-dire, à la glace fondante, & ce, jufqu'à ce que le dernier atôme de glace foit fondu.

La raifon de ce phénomène eft facile à concevoir : il faut pour fondre de la glace, & pour la convertir en eau, qu'il s'y combine une certaine proportion de calorique. En conféquence, tout le calorique des corps environnans s'arrête à la furface de la glace où il eft employé à la fondre : cette première couche fondue, la nouvelle quantité de calorique qui furvient en fond une feconde, & elle fe combine également avec elle pour la convertir en eau, & ainfi fucceffivement de furfaces en furfaces, jufqu'au dernier atôme de glace qui fera encore à zéro du thermomètre, parce que le calorique n'aura pas encore pu y pénétrer.

Que l'on imagine d'après cela une fphère de glace creufe, à la température de zéro degré du thermomètre; que l'on place cette fphère de glace dans une atmofphère, dont la température foit, par exemple, de 10 degrés au-deffus de la congélation, & qu'on place dans fon intérieur un corps échauffé d'un nombre de degrés quelconques : il fuit de ce qu'on vient d'expofer deux conféquences; 1°. que la chaleur extérieure ne pénétrera pas dans l'intérieur de la fphère; 2°. que la chaleur d'un corps placé dans fon intérieur ne fe perdra pas non plus au-dehors; mais qu'elle s'arrêtera à la surface intérieure de la cavité, où elle sera continuellement employée à fondre de nouvelles couches de glace, jusqu'à ce que la température du corps soit parvenue à zéro du thermomètre.

Si on recueille avec soin l'eau qui se sera formée dans l'intérieur de la sphère de glace, lorsque la température du corps placé dans son intérieur sera parvenu à zéro du thermomètre, son poids sera exactement proportionnel à la quantité de calorique que ce corps aura perdue, en passant de sa température primitive à celle de la glace fondante; car il est clair qu'une quantité double de calorique doit fondre une quantité double de glace; en sorte que la quantité de glace fondue est une mesure très-précise de la quantité de calorique employée à produire cet effet.

On n'a considéré ce qui se passoit dans une sphère de glace que pour mieux faire entendre la méthode que nous avons employée dans ce genre d'expériences, dont la première idée appartient à M. de la Place. Il seroit difficile de se procurer de semblables sphères, & elles auroient beaucoup d'inconvéniens dans la pratique; mais nous y avons suppléé au moyen de l'appareil suivant, auquel je donnerai le nom de calorimètre. Je conviens que c'est s'expofer à une critique, jufqu'à un certain point fondée, que de réunir ainfi deux dénominations, l'une dérivée du latin, l'autre dérivée du grec; mais j'ai cru qu'en matière de fcience on pouvoit fe permettre moins de pureté dans le langage, pour obtenir plus de clarté dans les idées; & en effet je n'aurois pu employer un mot compofé entièrement tiré du grec, fans trop me rapprocher du nom d'autres inftrumens connus, & qui ont un ufage & un but tout différent.

La figure première de la planche VI repréfente le calorimètre vu en perfpective. La figure 2 de la même planche repréfente fa coupe horifontale, & la figure 3 une coupe verticale qui laiffe voir tout fon intérieur. Sa capacité eft divifée en trois parties; pour mieux me faire entendre, je les diftinguerai par les noms de *capacité intérieure, capacité moyenne, & capacité extérieure.* La capacité intérieure *ffff, fig. 3, pl. VI,* eft formée d'un grillage de fil de fer, foutenu par quelques montans du même métal; c'eft dans cette capacité que l'on place les corps foumis à l'expérience : fa partie fupérieure L M fe ferme au moyen d'un couvercle G H repréfenté féparément, *figure 4.* Il eft entièrement ouvert par-deffus, & le deffous eft formé d'un grillage de fil de fer.

La capacité moyenne *bbbbb*, *figure 2 &
3*, eft deftinée à contenir la glace qui doit
environner la capacité intérieure, & que doit
fondre le calorique du corps mis en expérience :
cette glace eft fupportée & retenue par une
grille *mm* fous laquelle eft un tamis *nn* ; l'un
& l'autre font repréfentés féparément, *figures 5
& 6*. A mefure que la glace eft fondue par le
calorique qui fe dégage du corps placé dans la
capacité intérieure, l'eau coule à travers la grille
& le tamis ; elle tombe enfuite le long du
cône *ccd*, *figure 3*, & du tuyau *xy*, & fe
raffemble dans le vafe F, *figure 1*, placé au-
deffous de la machine ; *u* eft un robinet au
moyen duquel on peut arrêter à volonté l'écoulement de l'eau intérieure. Enfin la capacité extérieure *aaaa*, *fig. 2 & 3*, eft deftinée à recevoir la glace qui doit arrêter l'effet de la chaleur
de l'air extérieur & des corps environnans : l'eau
que produit la fonte de cette glace, coule le
long du tuyau *sT* que l'on peut ouvrir ou fermer au moyen du robinet *r*. Toute la machine
eft recouverte par le couvercle FF, *fig. 7*,
entièrement ouvert dans fa partie fupérieure,
& fermé dans fa partie inférieure ; elle eft compofée de fer-blanc peint à l'huile pour le garantir de la rouille.

E iij

Pour mettre le calorimètre en expérience, on remplit de glace pilée la capacité moyenne *bbbbb*, & le couvercle G H de la capacité intérieure, la capacité extérieure *aaaa*, & le couvercle FF, *figure 7*, de toute la machine. On la presse fortement pour qu'il ne reste point de parties vuides, puis on laisse égouter la glace intérieure; après quoi on ouvre la machine pour y placer le corps que l'on veut mettre en expérience, & on la referme sur le champ. On attend que le corps soit entièrement refroidi, & que la glace qui a fondu soit suffisamment égoutée; ensuite on pèse l'eau qui s'est rassemblée dans le vase F, *fig. 1* : son poids est une mesure exacte de la quantité de calorique dégagée du corps, pendant qu'il s'est refroidi; car il est visible que ce corps est dans la même position qu'au centre de la sphère dont nous venons de parler, puisque tout le calorique qui s'en dégage est arrêté par la glace intérieure, & que cette glace est garantie de l'impression de toute autre chaleur, par la glace renfermée dans le couvercle & dans la capacité extérieure.

Les expériences de ce genre durent quinze, dix-huit & vingt heures; quelquefois pour les accélérer, on place de la glace bien égoutée dans la capacité intérieure, & on en couvre les corps que l'on veut refroidir.

La figure 8 repréfente un feau de tôle deftiné à recevoir les corps fur lefquels on veut
opérer ; il eft garni d'un couvercle percé dans
fon milieu, & fermé avec un bouchon de liége,
traverfé par le tube d'un petit thermomètre.

La figure 9 de la même planche repréfente
un matras de verre dont le bouchon eft également traverfé par le tube d'un petit thermomètre, dont la boule & une partie du tube plonge
dans la liqueur ; il faut fe fervir de femblables
matras toutes les fois que l'on opère fur les
acides, & en général fur les fubftances qui
peuvent avoir quelque action fur les métaux.

R S, *figure 10*, eft un petit cylindre creux
que l'on place au fond de la capacité intérieure
pour foutenir les matras.

Il eft effentiel que dans cette machine, il
n'y ait aucune communication entre la capacité
moyenne & la capacité extérieure ; ce que l'on
éprouvera facilement en rempliffant d'eau la
capacité extérieure. S'il exiftoit une communication entre ces capacités, la glace fondue par
l'atmofphère dont la chaleur agit fur l'enveloppe
de la capacité extérieure, pourroit paffer dans
la capacité moyenne, & alors l'eau qui s'écou-
leroit de cette dernière capacité, ne feroit plus
la mefure du calorique perdu par le corps mis
en expérience.

E iv

Lorſque la température de l'atmoſphère n'eſt que de quelques degrés au-deſſus de zéro, ſa chaleur ne peut parvenir que très-difficilement juſque dans la capacité moyenne, puiſqu'elle eſt arrêtée par la glace du couvercle & de la capacité extérieure; mais ſi la température extérieure étoit au deſſous de zéro, l'atmoſphère pourroit refroidir la glace intérieure; il eſt donc eſſentiel d'opérer dans une atmoſphère dont la température ne ſoit pas au-deſſous de zéro: ainſi dans un tems de gelée, il faudra renfermer la machine dans un appartement dont on aura ſoin d'échauſſer l'intérieur. Il eſt encore néceſſaire que la glace dont on fait uſage, ne ſoit pas au-deſſous de zéro; ſi elle étoit dans ce cas, il faudroit la piler, l'étendre par couches fort minces, & la tenir ainſi pendant quelque tems dans un lieu dont la température fût au-deſſus de zéro.

La glace intérieure retient toujours une petite quantité d'eau qui adhère à ſa ſurface, & l'on pourroit croire que cette eau doit entrer dans le réſultat des expériences: mais il faut obſerver qu'au commencement de chaque expérience, la glace eſt déjà imbibée de toute la quantité d'eau qu'elle peut ainſi retenir; en ſorte que ſi une petite partie de la glace fondue par le corps, reſte adhérente à la glace intérieure, la même quantité, à très-peu près, d'eau primitivement adhérente à la furface de la glace, doit s'en détacher & couler dans le vafe : car la furface de la glace intérieure change extrêmement peu dans l'expérience.

Quelques précautions que nous ayons prifes, il nous a été impoffible d'empêcher l'air extérieur de pénétrer dans la capacité intérieure, lorfque la température étoit à 9 ou 10 degrés au-deffus de la congélation. L'air renfermé dans cette capacité étant alors fpécifiquement plus pefant que l'air extérieur, il s'écoule par le tuyau *xy*, *fig. 3*, & il eft remplacé par l'air extérieur qui entre dans le calorimètre, & qui dépofe une partie de fon calorique fur la glace intérieure ; il s'établit ainfi dans la machine un courant d'air d'autant plus rapide, que la température extérieure eft plus élevée, ce qui fond continuellement une portion de la glace intérieure ; on peut arrêter en grande partie l'effet de ce courant, en fermant le robinet ; mais il vaut beaucoup mieux n'opérer que lorfque la température extérieure ne furpaffe pas 3 ou 4 degrés ; car nous avons obfervé qu'alors la fonte de la glace intérieure, occafionnée par l'atmofphère, eft infenfible, en forte que nous pouvons à cette température, répondre de l'exactitude de nos expériences fur les chaleurs fpécifiques des corps, à un quarantième près.

Nous avons fait conſtruire deux machines pareilles à celle que je viens de décrire ; l'une d'elles eſt deſtinée aux expériences dans leſquelles il n'eſt pas néceſſaire de renouveller l'air intérieur ; l'autre machine ſert aux expériences dans leſquelles le renouvellement de l'air eſt indiſpenſable, telles que celles de la combuſtion & de la reſpiration : cette ſeconde machine ne diffère de la première, qu'en ce que les deux couvercles ſont percés de deux trous à travers leſquels paſſent deux petits tuyaux qui ſervent de communication entre l'air intérieur & l'air extérieur ; on peut par leur moyen ſouffler de l'air atmoſphérique dans l'intérieur du calorimètre pour y entretenir des combuſtions.

Rien n'eſt plus ſimple avec cet inſtrument que de déterminer les phénomènes qui ont lieu dans les opérations où il y a dégagement, ou même abſorption de calorique. Veut-on, par exemple, connoître ce qui ſe dégage de calorique d'un corps ſolide, lorſqu'il ſe refroidit d'un certain nombre de degrés ? On élève ſa température à 80 degrés, par exemple, puis on le place dans la capacité intérieure $ffff$ du calorimètre, *figure 2 & 3, planche VI*, & on l'y laiſſe aſſez long-tems pour être aſſuré que ſa température eſt revenue à zéro du thermomètre : on recueille l'eau qui a été produite

par la fonte de la glace, pendant fon refroidiffement ; cette quantité d'eau divifée par le
produit de la maffe du corps & du nombre de
degrés dont fa température primitive étoit au-
deffus de zéro, fera proportionnelle à ce que
les phyficiens anglois ont nommé *chaleur fpécifique.*

Quant aux fluides on les renferme dans des
vafes de matière quelconque, dont on a préalablement déterminé la chaleur fpécifique : on
opère enfuite de la même manière que pour
les folides, en obfervant feulement de déduire
de la quantité totale d'eau qui a coulé, celle
due au refroidiffement du vafe qui contenoit
le fluide.

Veut-on connoître la quantité de calorique
qui fe dégage de la combinaifon de plufieurs
fubftances ? on les amenera toutes à la température zéro, en les tenant un tems fuffifant
dans de la glace pilée ; enfuite on en fera le
mêlange dans l'intérieur du calorimètre, dans
un vafe également à zéro, & on aura foin de
les y conferver jufqu'à ce qu'elles foient reve-
nues à la température zéro ; la quantité d'eau
recueillie fera la mefure du calorique qui fe
fera dégagé par l'effet de la combinaifon.

La détermination des quantités de calorique
qui fe dégagent dans les combuftions & dans

la refpiration des animaux, n'offre pas plus de difficulté: on brûle les corps combuftibles dans la capacité intérieure du calorimètre; on y laiffe refpirer des animaux, tels que des cochons d'inde qui réfiftent affez bien au froid, & on recueille l'eau qui coule; mais comme le renouvellement de l'air eft indifpenfable dans ce genre d'opérations, il eft néceffaire de faire arriver continuellement de nouvel air dans l'intérieur du calorimètre par un petit tuyau deftiné à cet objet, & de le faire reffortir par un autre tuyau: mais pour que l'introduction de cet air ne caufe aucune erreur dans les réfultats, on fait paffer le tuyau qui doit l'amener à travers de la glace pilée, afin qu'il arrive dans le calorimètre, à la température zéro. Le tuyau de fortie de l'air doit également traverfer de la glace pilée, mais cette dernière portion de glace doit être comprife dans l'intérieur de la capacité $ffff$ du calorimètre, & l'eau qui en découle doit faire partie de celle que l'on recueille, parce que le calorique que contenoit l'air avant de fortir fait partie du produit de l'expérience.

La recherche de la quantité de calorique fpécifique contenue dans les différens gaz, eft un peu plus difficile à caufe de leur peu de denfité; car fi on fe contentoit de les renfermer dans des vafes comme les autres fluides, la quantité de glace fondue feroit fi peu confidérable que le réfultat de l'expérience feroit au moins très-incertain. Nous avons employé pour ce genre d'expériences deux efpèces de ferpentins ou tuyaux métalliques roulés en fpirales. Le premier contenu dans un vafe rempli d'eau bouillante fervoit à échauffer l'air avant qu'il parvînt au calorimètre; le fecond étoit renfermé dans la capacité intérieure $ffff$ de cet inftrument. Un thermomètre adapté à une des extrémités de ce dernier ferpentin, indiquoit la chaleur de l'air ou du gaz qui entroit dans la machine; un thermomètre adapté à l'autre extrémité du même ferpentin indiquoit la chaleur du gaz ou de l'air à fa fortie. Nous avons été ainfi à portée de déterminer ce qu'une maffe quelconque de différens airs ou gaz fondoit de glace en fe refroidiffant d'un certain nombre de degrés, & d'en déterminer le calorique fpécifique. Le même procédé, avec quelques précautions particulières peut être employé pour connoître la quantité de calorique qui fe dégage dans la condenfation des vapeurs de différens liquides.

Les différentes expériences que l'on peut faire avec le calorimètre, ne conduifent point à des réfultats abfolus; elles ne donnent que

des quantités relatives : il étoit donc queſtion
de choiſir une unité qui pût former le premier
degré d'une échelle avec laquelle on pût exprimer tous les autres réſultats. La quantité de
calorique néceſſaire pour fondre une livre de
glace, nous a fourni cette unité : or pour fondre une livre de glace, il faut une livre d'eau
élevée à 60 degrés de thermometre à mercure diviſé en 80 parties, de la glace à l'eau
bouillante, la quantité de calorique qu'exprime
notre unité, eſt donc celle néceſſaire pour élever l'eau de zéro à 60 degrés.

Cette unité déterminée, il n'eſt plus queſtion
que d'exprimer en valeurs analogues les quantités de calorique qui ſe dégagent des différens
corps, en ſe refroidiſſant, d'un certain nombre
de degrés, & voici le calcul ſimple par le
moyen duquel on y parvient : je l'applique à
une de nos premières expériences.

Nous avons pris des morceaux de tôle coupés par bandes & roulés, qui peſoient enſemble 7 livres 11 onces 2 gros 36 grains,
c'eſt-à-dire, en fractions décimales de livres,
7,$^{\text{livres}}$7070319 Nous avons échauffé cette maſſe
dans un bain d'eau bouillante, dans laquelle
elle a pris environ 78 degrés de chaleur ; &
l'ayant tirée de l'eau preſtement, nous l'avons
introduite dans la capacité intérieure du calo-

rimètre. Au bout de onze heures, lorſque l'eau produite par la fonte de la glace intérieure a été ſuffiſamment égoutée, la quantité s'en eſt trouvée de 1 livre 1 once 5 gros 4 grains = 1,109795. Maintenant je puis dire ſi le calorique dégagé de la tôle par un refroidiſſe-ment de 78 degrés, a fondu 1,109795 de glace, combien un refroidiſſement de 60 degrés auroit-il produit ; ce qui donne 78 : 1,109795 : : 60 : x = 0,85369. Enfin diviſant cette quantité par le nombre de livres de tôle em-ployée, c'eſt-à-dire par 7,7070319, on aura pour la quantité de glace que pourra faire fondre une livre de tôle en ſe refroidiſſant de 60 degrés à zéro, 0,110770. Le même cal-cul s'applique à tous les corps ſolides.

A l'égard des fluides, tels que l'acide ſulfu-rique, l'acide nitrique, &c. on les renferme dans un matras repréſenté *planche VI*, *fig. 9*. Il eſt bouché avec un bouchon de liège tra-verſé par un thermomètre dont la boule plonge dans la liqueur. On place ce vaiſſeau dans un bain d'eau bouillante ; & lorſque d'après le thermomètre on juge que la liqueur eſt élevée à un degré de chaleur convenable, on retire le matras & on le place dans le calorimètre. On fait le calcul comme ci-deſſus, en ayant

foin cependant de déduire de la quantité d'eau
obtenue, celle que le vafe de verre auroit feul
produite, & qu'il eft en conféquence néceffaire
d'avoir déterminée par une expérience préalable.
Je ne donne point ici le tableau des réfultats
que nous avons obtenus, parce qu'il n'eft pas
encore affez complet, & que différentes circonftances ont fufpendu la fuite de ce travail.
Nous ne le perdons cependant pas de vue,
& il n'y a point d'hiver que nous ne nous en
foyons plus ou moins occupés.

CHAPITRE

# CHAPITRE IV.

*Des opérations purement mécaniques qui ont pour objet de diviser les corps.*

## §. PREMIER.

### De la Trituration, de la Porphirifation, & de la Pulvérifation.

LA trituration, la porphirifation & la pulvérifation ne font, à proprement parler, que des opérations mécaniques préliminaires, dont l'objet eft de divifer, de féparer les molécules des corps, & de les réduire en particules très-fines. Mais quelque loin qu'on puiffe porter ces opérations, elles ne peuvent jamais réfoudre un corps en fes molécules primitives & élémentaires : elles ne rompent pas même, à proprement parler, fon aggrégation ; en forte que chaque molécule après la trituration & la porphirifation, forme encore un tout femblable à la maffe originaire qu'on avoit eu pour objet de divifer, à la différence des opérations vraiment chimiques, telles, par exemple, que la diffolution qui détruit l'aggrégation du corps, & écarte les

*Tome II.* F

unes des autres les molécules conſtitutives & intégrantes qui le compoſent.

Toutes les fois qu'il eſt queſtion de diviſer
des corps fragiles & caſſans , on ſe ſert pour
cette opération de mortiers & de pilons, *figures 1, 2, 3, 4 & 5, planche I.* Ces mortiers
ſont ou de fonte de cuivre & de fer comme
celui repréſenté, *figure 1*; ou de marbre & de
granit, comme celui repréſenté , *figure 2*; ou
de bois de gayac , comme celui repréſenté ,
*figure 3*; ou de verre, comme celui repréſenté,
*figure 4*; ou d'agathe, comme celui repréſenté,
*figure 5*: enfin on en fait auſſi de porcelaine,
comme celui repréſenté, *figure 6*. Les pilons
dont on ſe ſert pour triturer les corps ſont auſſi
de différentes matières. Ils ſont de fer ou de
cuivre forgé , comme dans la figure première,
de bois, comme dans les figures 2 & 3; enfin
de verre, de porcelaine ou d'agathe, ſuivant la
nature des objets qu'on veut triturer. Il eſt néceſſaire d'avoir dans un laboratoire , un aſſor-
timent de ces inſtrumens de différente grandeur.
Les mortiers de porcelaine , & ſur-tout ceux
de verre, ne peuvent pas être employés à la
trituration proprement dite, & ils ſeroient bientôt en pièces ſi on frappoit dedans, ſans précaution , à coups redoublés. C'eſt en tournant
le pilon dans le mortier, en froiſſant avec adreſſe

& dextérité les molécules entre le pilon & les parois du mortier qu'on parvient à opérer la divifion.

La forme des mortiers n'eft point indifférente ; le fond en doit être arrondi, & l'inclinaifon des parois latérales doit être telle que les matières en poudre retombent d'elles-mêmes quand on relève le pilon : un mortier trop plat feroit donc défectueux, la matière ne retomberoit & ne fe retourneroit pas. Des parois trop inclinées préfenteroient un autre inconvénient, elles rameneroient une trop grande quantité de la matière à pulvérifer fous le pilon, elle ne feroit plus alors froiffée & ferrée entre deux corps durs, & la trop grande épaiffeur interpofée nuiroit à la pulvérifation.

Par une fuite du même principe, il ne faut pas mettre dans le mortier une trop grande quantité de matière ; il faut fur-tout, autant qu'on le peut, fe débarraffer de tems en tems des molécules qui font déjà pulvérifées, & c'eft ce qu'on opère par le tamifage, autre opération dont il va être bientôt queftion. Sans cette précaution on employeroit une force inutile, & on perdroit du tems à divifer davantage ce qui l'étoit fuffifamment, tandis qu'on n'acheveroit pas de pulvérifer ce qui ne l'eft pas affez. En effet, la portion de matière divifée nuit à la

trituration, de celle qui ne l'eſt pas ; elle s'in-
terpoſe entre le pilon & le mortier, & amortit
l'effet du coup.

La porphiriſation a reçu ſa dénomination du
nom de la matière ſur laquelle elle s'opère.
Le plus communément on a une table plate
de porphire ou d'une autre pierre du même
degré de dureté A B C D, *planche I, fig. 7,*
ſur laquelle on étend la matière qu'on ſe propoſe de diviſer ; on la froiſſe enſuite & on la
broye en promenant ſur le porphire une molette M, d'une pierre du même degré de dureté. La partie de la molette qui porte ſur le
porphire, ne doit pas être parfaitement plane :
ſa ſurface doit être une portion de ſphère
d'un très - grand rayon ; autrement quand on
promeneroit la molette ſur le porphire, la matière ſe rangeroit tout autour du cercle qu'elle
auroit décrit , ſans qu'aucune portion s'enga-
geât entre deux , & il n'y auroit pas de porphiriſation. On eſt par la même raiſon obligé
de faire retailler de tems en tems les mo-
lettes, qui tendent à devenir planes, à meſure qu'on s'en ſert. L'effet de la molette
étant d'écarter continuellement la matière &
de la porter vers les extrêmités de la table de
porphire, on eſt obligé de la ramener ſouvent
& de l'accumuler au centre : on ſe ſert à cet

effet d'un couteau de fer, de corne ou d'ivoire, dont la lame doit être très-mince.

Dans les travaux en grand on préfère, pour opérer le broyement, l'ufage de grandes meules de pierres dures qui tournent l'une fur l'autre, ou bien d'une meule verticale qui roule fur une meule horifontale. Dans tous ces cas, on eft fouvent obligé d'humecter légèrement la matière, dans la crainte qu'elle ne s'élève en pouffière.

Ces trois manières de réduire les corps en poudre, ne conviennent pas à toutes les matières : il en eft qu'on ne peut parvenir à divifer, ni au pilon, ni au porphire, ni à la meule ; telles font les matières très-fibreufes, comme le bois ; telles font celles qui ont une forte de ténacité & d'élafticité, comme la corne des animaux, la gomme élaftique, &c. tels font enfin les métaux ductiles & malléables, qui s'applatiffent fous le pilon au lieu de s'y réduire en poudre.

On fe fert pour les bois de groffes limes connues fous le nom de rapes à bois, *pl. I, fig. 8.* On fe fert pour la corne de limes un peu plus fines ; enfin on emploie pour les métaux des limes encore plus fines, telles. font celles repréfentées *figures 9 & 10.*

Il eft quelques fubftances métalliques qui ne

F iij

font ni affez caffantes pour être mifes en poudre par trituration, ni affez dures pour pouvoir être limées commodément. Le zinc eft
dans ce cas; fa demi-malléabilité empêche
qu'on ne puiffe le pulvérifer au mortier : fi on
le lime, il empâte la lime, il en remplit les
interftices, & bientôt elle n'a prefque plus d'action. Il y a une manière fimple pour réduire
le zinc en poudre, c'eft de le piler chaud
dans un mortier de fonte de fer également
chaud; il s'y triture alors aifément. On peut
encore le rendre caffant, en le fondant avec
un peu de mercure. Les artificiers qui em-
ployent le zinc pour faire des feux bleus, ont
recours à l'un de ces deux moyens. Quand on
n'a pas pour objet de mettre les métaux dans
un très-grand état de divifion, on peut les
réduire en grenailles en les coulant dans de
l'eau.

Enfin il y a un dernier moyen de divifer,
qu'on emploie pour les matières à la fois pul-
peufes & fibreufes, telles que les fruits, les
pommes de terre, les racines, &c. On les pro-
mène fur une rape, *planche I, fig. 11*, en donnant un certain degré de preffion, & on parvient ainfi à les réduire en pulpe. Tout le monde
connoît la rape, & il feroit fuperflu d'en donner une defcription plus étendue.

On conçoit que le choix des matières avec lefquelles on opère la trituration, n'eft point indifférent : on doit bannir le cuivre de tout ce qui a rapport aux alimens, à la pharmacie, &c. Les mortiers de marbre ou ceux de matières métalliques ne peuvent être employés pour triturer les matières acides ; c'eft ce qui fait que les mortiers de bois très-dur, tel que le gayac & ceux de verre, de porcelaine & de granit, font d'une grande commodité dans un laboratoire.

## §. I I.

### Du Tamifage & du Lavage.

De quelque moyen mécanique qu'on fe ferve pour divifer les corps, on ne peut parvenir à donner le même degré de fineffe à toutes leurs parties. La poudre qu'on obtient de la plus longue & de la plus exacte trituration, eft toujours un affemblage & un mélange de molécules de différentes groffeurs. On parvient à fe débarraffer des plus groffières, & à n'avoir qu'une poudre beaucoup plus homogène, en employant des tamis, *figures 12, 13, 14 & 15, planche I*, dont la grandeur de la maille foit proportionnée à la groffeur des molécules qu'on fe propofe d'obtenir : tout ce qui eft fupérieur en groffeur aux dimenfions de la maille, refte fur le tamis , & on le repaffe au pilon.

On voit deux de ces tamis repréfentés *figures 12 & 13*. L'un, *fig. 12*, eft de crin ou de foie ; l'autre , *fig. 13*, eft de peau dans laquelle on a fait des trous ronds avec un emporte-pièce : ce dernier eft en ufage dans l'art de fabriquer la poudre à canon & la poudre de chaffe. Lorfqu'on eft obligé de tamifer des matières très-légères, très-précieufes & qui fe difperfent aifément ; ou bien lorfque répandues dans l'air elles peuvent être nuifibles à ceux qui les refpirent, on fe fert de tamis compofés de trois pièces, *fig. 14 & 15*; favoir d'un tamis proprement dit ABCD, *fig. 15*; d'un couvercle EF, & d'un fond GH : on voit ces trois parties affemblées, *fig. 14*.

Il eft un autre moyen plus exact que le tamifage, d'obtenir des poudres de groffeur uniforme, c'eft le lavage; mais il n'eft praticable qu'à l'égard des matières qui ne font point fufceptibles d'être attaquées & altérées par l'eau. On délaye & on agite dans l'eau ou dans quelqu'autre liqueur les matières broyées qu'on veut obtenir en poudre de groffeur homogène ; on laiffe repofer un moment la liqueur, puis on la décante encore trouble ; les parties les plus groffières reftent au fond du vafe. On décante une feconde fois, & on a un fecond dépôt moins groſſier que le premier. On décante une troiſième fois pour obtenir un troiſième dépôt, qui eſt au ſecond pour la fineſſe ce que le ſecond eſt au premier. On continue cette manœuvre juſqu'à ce que l'eau ſoit éclaircie ; & la poudre groſſière & inégale qu'on avoit originairement, ſe trouve ſéparée en une ſuite de dépôts , qui chacun en particulier , ſont d'un degré de fineſſe à peu près homogène.

Le même moyen, le lavage, ne s'emploie pas ſeulement pour ſéparer les unes des autres les molécules de matières homogènes , & qui ne diffèrent que par leur degré plus ou moins grand de diviſion ; il fournit une reſſource non moins utile pour ſéparer des matières du même degré de fineſſe , mais dont la peſanteur ſpécifique eſt différente : c'eſt principalement dans le travail des mines qu'on fait uſage de ce moyen.

On ſe ſert pour le lavage dans les laboratoires, de vaiſſeaux de différentes formes, de terrines de grès, de bocaux de verre , &c. quelquefois pour décanter la liqueur ſans troubler le dépôt qui s'eſt formé , on emploie le ſiphon. Cet inſtrument conſiſte en un tube de verre A B C, *planche II, fig. 11*, recourbé en B, & dont la branche BC doit être plus longue de quelques pouces que celle A B. Pour n'être point obligé de le tenir à la main, ce qui pourroit être fatiguant dans quelques expériences, on le paſſe dans un trou pratiqué au milieu d'une petite planche DE. L'extrêmité A du ſiphon doit être plongée dans la liqueur du bocal FG, à la profondeur juſqu'à laquelle on ſe propoſe de vuider le vaſe.

D'après les principes hydroſtatiques ſur leſquels eſt fondé l'effet du ſiphon, la liqueur ne peut y couler qu'autant qu'on a chaſſé l'air contenu dans ſon intérieur : c'eſt ce qui ſe pratique au moyen d'un petit tube de verre HI, ſoudé hermétiquement à la branche BC. Lors donc qu'on veut procurer par le moyen du ſiphon l'écoulement de la liqueur du vaſe FG dans celui LM, on commence par boucher avec le bout du doigt l'extrêmité C de la branche BC du ſiphon ; puis on ſuce avec la bouche, juſqu'à ce qu'on ait retiré tout l'air du tube & qu'il ait été remplacé par de la liqueur : alors on ôte le doigt, la liqueur coule & continue à paſſer du vaſe FG dans celui LM.

## §. I I I.

### De la Filtration.

On vient de voir que le tamiſage étoit une opération par laquelle on ſéparoit les unes des

autres des molécules de différentes groffeurs ;
que les plus fines paffoient à travers le tamis,
tandis que les plus groffières reftoient deffus.

Le filtre n'eft autre chofe qu'un tamis très-
fin & très-ferré, à travers lequel les parties
folides, quelque divifées qu'elles foient, ne
peuvent paffer, mais qui eft cependant perméable pour les fluides ; le filtre eft donc, à proprement parler, l'efpèce de tamis qu'on emploie pour féparer des molécules folides qui
font très-fines, d'un fluide dont les molécules
font encore plus fines.

On fe fert à cet effet, principalement en pharmacie, d'étoffes épaiffes & d'un tiffu très-ferré :
celles de laine à poils font les plus propres à
remplir cet objet. On leur donne ordinairement la forme d'un cône, *planche II*, *fig.* 2 :
cette efpèce de filtre porte le nom de chauffe
qui eft relatif à fa figure. La forme conique a
l'avantage de réunir toute la liqueur qui coule,
en un feul point A, & on peut alors la recevoir dans un vafe d'une ouverture très-petite ;
ce qui ne pourroit pas avoir lieu, fi la liqueur
couloit de plufieurs points. Dans les grands
laboratoires de pharmacie, on a un chaffis
de bois repréfenté *planche II*, *fig.* 1, dans
le milieu duquel on attache la chauffe.

La filtration à la chauffe ne peut être appli-

cable qu'à quelques opérations de pharmacie;
mais comme dans la plupart des opérations chimiques un même filtre ne peut servir qu'à une
même nature d'expériences, comme il faudroit
avoir un nombre de chauffes confidérables &
les laver avec un grand foin à chaque opération, on y a fubftitué une étoffe très-commune,
à très-bon marché, qui eft à la vérité très-mince,
mais qui, attendu qu'elle eft feutrée, compenfe
par le ferré de fon tiffu ce qui pourroit lui
manquer en épaiffeur : cette étoffe eft du papier non collé. Il n'eft aucun corps folide,
quelque divifé qu'il foit, qui paffe à travers les
pores des filtres de papier ; les fluides au
contraire les traverfent avec beaucoup de facilité.

Le feul embarras que préfente le papier
employé comme filtre, confifte dans la facilité
avec laquelle il fe perce & fe déchire, fur-
tout quand il eft mouillé. On remédie à cet
inconvénient, en le foutenant par le moyen de
diverfes efpèces de doublures. Si on a des quantités confidérables de matières à filtrer, on fe
fert d'un chaffis de bois A B C D, *planc. II,*
*fig. 3,* auquel font adaptées des pointes de fer
ou crochets : on pofe ce chaffis fur deux petits traiteaux, comme on le voit *fig. 4.* On
placefur le quarré une toile groffière, qu'on

tend médiocrement & qu'on accroche aux pointes ou crochets de fer. On étend ensuite une ou deux feuilles de papier sur la toile, & on verse dessus le mélange de matière liquide & de matière solide dont on veut opérer la séparation. Le fluide coule dans la terrine ou autre vase quelconque F, qu'on a mis sous le filtre. Les toiles qui ont servi à cet usage, se lavent, ou bien on les renouvelle, si on a lieu de craindre que les molécules dont elles peuvent rester imprégnées, ne soient nuisibles dans des opérations subséquentes.

Dans toutes les opératians ordinaires & lorsqu'on n'a qu'une médiocre quantité de liqueur à filtrer, on se sert d'entonnoirs de verre, *planche II, fig. 5,* pour contenir & soutenir le papier; on le plie alors de manière à former un cône de même figure que l'entonnoir. Mais alors on tombe dans un autre inconvénient; le papier, lorsqu'il est mouillé, s'applique tellement sur les parois du verre, que la liqueur ne peut couler & qu'il ne s'opère de filtration que par la pointe du cône : alors l'opération devient très-longue; les matières hétérogènes d'ailleurs que contient la liqueur étant communément plus lourdes que l'eau, elles se rassemblent à la pointe du cône de papier, elles l'obstruent, & la filtration ou s'arrête, ou de-

vient exceſſivement lente. On a imaginé diffé‑
rens procédés pour remédier à ces inconvé‑
niens, qui ſont plus graves qu'on ne le croiroit
d'abord, parce qu'ils ſe répètent tous les jours
dans le cours des opérations chimiques. Un
premier moyen a été de multiplier les plis du
papier, comme on le voit *fig. 6*, afin que la
liqueur, en ſuivant les ſillons que forment les
plis, pût arriver à la pointe du cône : d'autres
ont joint à ce premier moyen l'uſage de frag‑
mens de paille, qu'on place & qu'on arrange
dans l'entonnoir avant d'y placer le papier.
Enfin, le dernier moyen employé & qui me
paroît réunir le plus d'avantages, conſiſte à
prendre de petites bandes de verre, telles qu'on
en trouve chez tous les vitriers, & qui ſont
connues ſous le nom de rognures de verre. On
les courbe par le bout à la lampe, de manière
à former un crochet qui s'ajuſte dans le bord
ſupérieur de l'entonnoir, on en diſpoſe ſix à
huit de cette manière, avant de placer le pa‑
pier. Ces bandes de verre le maintiennent à une
diſtance ſuffiſante des parois de l'entonnoir,
pour que la filtration s'opère. La liqueur coule
le long des bandes de verre, & ſe raſſemble à
la pointe du cône.

On voit quelques-unes de ces bandes repré‑
ſentées *fig. 8* : on voit auſſi *fig. 7* un entonnoir

de verre garni de bandes de verre & d'un papier à filtrer.

Lorsqu'on a un grand nombre de filtrations
à faire marcher à la fois, il est très-commode
d'avoir une planche AB, *planche II, fig. 9*,
soutenue par des montans de bois AC, BD,
& percée de trous pour y placer les entonnoirs.

Il y a des matières très-épaisses & très-vis-
queuses qui ne peuvent passer à travers le papier, & qui ne peuvent être filtrées qu'après
avoir subi quelques préparations. La plus ordinaire consiste à battre un blanc d'œuf, à le
diviser dans ces liqueurs, & à les faire chauffer
jusqu'à l'ébullition. Le blanc d'œuf se coagule,
il se réduit en écume, qui vient monter à la
surface & qui entraîne avec elle la plus grande
partie des matières visqueuses qui s'opposoient
à la filtration. On est obligé de prendre ce parti
pour obtenir du petit-lait clair, autrement il
seroit très-difficile de le faire passer par le filtre.
On remplit le même objet à l'égard des liqueurs
spiritueuses, avec un peu de colle de poisson
délayée dans de l'eau : cette colle se coagule
par l'action de l'alkool, sans qu'on soit obligé
de faire chauffer.

On conçoit qu'une des conditions indispen-
sables de la filtration est que le filtre ne puisse
pas être attaqué & corrodé par la liqueur qui

doit y paſſer ; auſſi ne peut-on pas filtrer les acides concentrés à travers le papier. Il eſt vrai qu'on eſt rarement obligé d'avoir recours à ce moyen, parce que la plupart des acides s'obtiennent par voie de diſtillation, & que les produits de la diſtillation ſont preſque toujours clairs. Si cependant dans quelques cas très-rares, on eſt forcé de filtrer des acides concentrés, on ſe ſert alors de verre pilé, ou, ce qui eſt mieux encore, de morceaux de quartz ou de criſtal de roche groſſièrement concaſſés & en partie réduits en poudre. On place quelques-uns des plus gros morceaux dans le fond de l'entonnoir, pour le boucher en partie ; on met pardeſſus des morceaux moins gros, qui ſont maintenus par les premiers ; enfin les portions les plus diviſées doivent occuper le deſſus : on remplit enſuite l'entonnoir avec de l'acide.

Dans les uſages de la ſociété, on filtre l'eau des rivières pour l'obtenir limpide & ſéparée des ſubſtances hétérogènes qui la ſaliſſent : on ſe ſert à cet effet de ſable de rivière. Le ſable réunit pluſieurs avantages qui le rendent propre à cet uſage : premièrement, il eſt en fragmens arrondis, ou au moins dont les angles ſont uſés ; & les intervalles que préſentent des molécules de cette figure, favoriſent le paſſage de l'eau. Secondement, ces molécules ſont de différentes

groſſeurs,

grosseurs, & les plus fines se rangent naturellement entre les plus grosses ; elles empêchent donc
qu'il ne se rencontre des vuides trop grands qui
laisseroient passer des matières hétérogènes.
Troisièmement enfin, le sable ayant été roulé
& lavé par l'eau des rivières pendant une longue révolution de tems, on est sûr qu'il est dépouillé de toute substance soluble dans l'eau,
& que par conséquent il ne peut absolument
rien communiquer à l'eau qui filtre au travers.
Dans tous les cas, comme dans celui-ci, où
le même filtre doit servir long-tems, il s'en-
gorgeroit & la liqueur cesseroit d'y passer si on
ne le nétoyoit pas. Cette opération est simple à
l'égard des filtres de sable, il ne s'agit que de
le laver dans plusieurs eaux successives & jusqu'à
ce qu'elle sorte claire.

## §. I V.

### De la Décantation.

La décantation est une opération qui peut
suppléer à la filtration & qui, comme elle, a
pour objet de séparer d'avec un liquide les
molécules concrètes qu'il contient. On laisse à
cet effet reposer la liqueur dans des vases ordinairement coniques & qui ont la forme de verres à boire, comme celui représenté ABCDE,

*planche II, fig.* 10. On fait dans les verreries des vafes de cette figure, qui font de différentes grandeurs ; lorfqu'ils excèdent deux ou trois pintes de capacité, on fupprime le pied C D E, & on y fupplée par un pied de bois dans lequel on les maftique. La matière étrangère fe dépofe au fond de ces vafes par un repos plus ou moins long, & on obtient la liqueur claire en la verfant doucement par inclinaifon. On voit que cette opération fuppofe que le corps fufpendu dans le liquide eft fpécifiquement plus lourd que lui, & fufceptible de fe raffembler au fond : mais quelquefois la pefanteur fpécifique du dépôt approche tellement de celle de la liqueur, & l'on eft fi près de l'équilibre, que le moindre mouvement fuffit pour le remêler, alors au lieu de tranfvafer la liqueur & de la féparer par décantation, on fe fert du fiphon repréfenté *fig.* 11, & dont j'ai déjà donné la defcription.

Dans toutes les expériences où l'on veut déterminer avec une précifion rigoureufe le poids de la matière précipitée, la décantation eft préférable à la filtration, pourvu qu'on ait foin de laver à grande eau & à plufieurs reprifes le précipité. On peut bien, il eft vrai, déterminer le poids du précipité qu'on a féparé par filtration, en pefant le filtre avant & après l'opération ; l'augmentation de poids que le filtre a acquife, donne le poids du précipité qui y eſt reſté attaché : mais quand les quantités ſont peu confidérables, la deſſication plus ou moins grande du filtre, les différentes proportions d'humidité qu'il peut retenir, ſont une ſource d'erreurs qu'il eſt important d'éviter.

# CHAPITRE V.

*Des moyens que la Chimie emploie pour écarter les unes des autres les molécules des corps sans les décomposer & réciproquement pour les réunir.*

J'AI déjà fait observer qu'il existoit deux manières de diviser les corps : la première qu'on nomme division méchanique, consiste à séparer une masse solide en un grand nombre d'autres masses beaucoup plus petites. On emploie pour remplir cet objet la force des hommes, celle des animaux, la pesanteur de l'eau appliquée aux machines hydrauliques, la force expansive de l'eau réduite en vapeurs, comme dans les machines à feu, l'impulsion du vent, &c. Mais toutes ces forces employées à diviser les corps, sont beaucoup plus bornées, qu'on ne le croit communément. Avec un pilon d'un certain poids, qui tombe d'une certaine hauteur, on ne peut jamais réduire en poudre une matière donnée au-delà d'un certain degré de finesse, & la même molécule qui paroît si fine relativement à nos organes est encore une montagne, si on peut se servir de cette expression, lorsqu'on la compare avec les molécules constitutives & élémentaires du corps que l'on divise. C'est en cela que diffèrent les agens méchaniques des agens chimiques ; ces derniers divisent un corps dans ses molécules primitives. Si , par exemple, c'est un sel neutre , ils portent la division de ses parties aussi loin qu'elle le peut être sans que la molécule cesse d'être une molécule de sel. Je vais donner dans ce chapitre des exemples de cette espèce de division. J'y joindrai quelques détails sur des opérations qui y sont relatives.

§. I.

*De la Solution des Sels.*

On a long-tems confondu en chimie la solution & la dissolution, & l'on désignoit par le même nom la division des parties d'un sel dans un fluide tel que l'eau, & la division d'un métal dans un acide. Quelques réflexions sur les effets de ces deux opérations feront sentir qu'il n'est pas possible de les confondre.

Dans la solution des sels , les molécules salines sont simplement écartées les unes des autres , mais ni le sel , ni l'eau n'éprouvent aucune décomposition, & on peut les retrouver l'un & l'autre en même quantité qu'avant l'opération. On peut dire la même chose de la dissolution des résines dans l'alkool & dans les dissolvans

G iij

ſpiritueux. Dans la diſſolution des métaux, au contraire, il y a toujours ou décompoſition de l'acide, ou décompoſition de l'eau : le métal s'oxygène, il paſſe à l'état d'oxide ; une ſubſtance gazeuſe ſe dégage ; en ſorte, qu'à proprement parler, aucune des ſubſtances après la diſſolution n'eſt dans le même état où elle étoit auparavant. C'eſt uniquement de la ſolution dont il ſera queſtion dans cet article.

Pour bien ſaiſir ce qui ſe paſſe dans la ſolution des ſels, il faut ſavoir qu'il ſe complique deux effets dans la plupart de ces opérations : ſolution par l'eau, & ſolution par le calorique ; & comme cette diſtinction donne l'explication de la plupart des phénomènes relatifs à la ſolution, je vais inſiſter pour la bien faire entendre.

Le nitrate de potaſſe, vulgairement appelé ſalpêtre, contient très-peu d'eau de criſtalliſation ; une foule d'expériences le prouvent ; peut-être même n'en contient-il pas : cependant il ſe liquéfie à un degré de chaleur qui ſurpaſſe à peine celui de l'eau bouillante. Ce n'eſt donc point à l'aide de ſon eau de criſtalliſation qu'il ſe liquéfie, mais parce qu'il eſt très-fuſible de ſa nature, & qu'il paſſe de l'état ſolide à l'état liquide, un peu au-deſſus de la chaleur de l'eau bouillante. Tous les ſels ſont de même ſuſceptibles d'être liquéfiés par le calorique ; mais à une température plus ou moins haute. Les uns, comme les acétites de potaſſe & de ſoude, ſe fondent & ſe liquéſient à une chaleur très-médiocre ; les autres, au contraire, comme le ſulfate de chaux, le ſulfate de potaſſe, &c. exigent une des plus fortes chaleurs que nous puiſſions produire. Cette liquéfaction des ſels par le calorique préſente exactement les mêmes phénomènes que la liquéfaction de la glace. Premièrement elle s'opère de même à un degré de chaleur déterminé pour chaque ſel, & ce degré eſt conſtant pendant tout le tems que dure la liquéfaction du ſel. Secondement, il y a emploi de calorique au moment où le ſel ſe fond, dégagement lorſqu'il ſe fige, tous phénomènes généraux, & qui ont lieu lors du paſſage d'un corps quelconque de l'état concret à l'état fluide, & réciproquement.

Ces phénomènes de la ſolution par le calorique ſe compliquent toujours plus ou moins avec ceux de la ſolution par l'eau. On en ſera convaincu ſi l'on conſidère qu'on ne peut verſer de l'eau ſur un ſel pour le diſſoudre, ſans employer réellement un diſſolvant mixte, l'eau & le calorique : or on peut diſtinguer pluſieurs cas différens, ſuivant la nature & la manière d'être de chaque ſel. Si par exemple un ſel eſt très-peu ſoluble par l'eau, & qu'il le ſoit beaucoup par le calorique, il eſt clair que ce ſel fera très-peu ſoluble à l'eau froide, & qu'il le fera beaucoup, au contraire, à l'eau chaude; tel eſt le nitrate de potaſſe, & ſur-tout le muriate oxygéné de potaſſe. Si un autre ſel au contraire eſt à la fois peu ſoluble dans l'eau, & peu ſoluble dans le calorique, il ſera peu ſoluble dans l'eau froide comme dans l'eau chaude, & la différence ne ſera pas très-conſidérable ; c'eſt ce qui arrive au ſulfate de chaux.

On voit donc qu'il y a une relation néceſſaire entre ces trois choſes, ſolubilité d'un ſel dans l'eau froide, ſolubilité du même ſel dans l'eau bouillante, degré auquel ce même ſel ſe liquéfie par le calorique ſeul & ſans le ſecours de l'eau; que la ſolubilité d'un ſel à chaud & à froid eſt d'autant plus grande qu'il eſt plus ſoluble par le calorique, ou, ce qui revient au même, qu'il eſt ſuſceptible de ſe liquéfier à un degré plus inférieur de l'échelle du thermomètre.

Telle eſt en général la théorie de la ſolution des ſels. Mais je n'ai pu me former encore que des apperçus généraux, parce que les faits particuliers manquent, & qu'il n'exiſte point aſſez d'expériences exactes. La marche à ſuivre pour completter cette partie de la chimie eſt ſimple; elle conſiſte à rechercher pour chaque ſel ce qui s'en diſſout dans une quantité donnée d'eau à différens degrés du thermomètre : or comme on fait aujourd'hui avec beaucoup de préciſion, d'après les expériences que nous avons publiées M. de la Place & moi, ce qu'une livre d'eau contient de calorique à chaque degré du thermomètre, il ſera toujours facile de déterminer par des expériences ſimples la proportion de calorique & d'eau qu'exige chaque ſel pour être tenu en diſſolution, ce qui s'en abſorbe au moment où le ſel ſe liquéfie, ce qui s'en dégage au moment où il criſtalliſe.

On ne doit plus être étonné d'après cela de voir que les ſels même qui ſont diſſolubles à froid ſe diſſolvent beaucoup plus rapidement dans l'eau chaude que dans l'eau froide. Il y a toujours emploi de calorique dans la diſſolution des ſels ; & quand il faut que le calorique ſoit fourni de proche en proche par les corps environnans, il en réſulte un déplacement qui ne s'opère que lentement. L'opération au contraire ſe trouve tout d'un coup facilitée & accélérée quand le calorique néceſſaire à la ſolution ſe trouve déjà tout combiné avec l'eau.

Les ſels en général, en ſe diſſolvant dans l'eau, en augmentent la peſanteur ſpécifique, mais cette règle n'eſt pas abſolument ſans exception.

Un jour à venir on connoîtra la quantité de radical, d'oxygène & de bafe qui conftituent chaque fel neutre ; on connoitra la quantité d'eau & de calorique néceffaire pour le diffoudre, l'augmentation de pefanteur fpécifique qu'il communique à l'eau, la figure des molécules élémentaires de fes criftaux ; on expliquera les circonftances & les accidens de fa criftallifation, & c'eft alors feulement que cette partie de la chimie fera complette. M. Séguin a formé le profpectus d'un grand travail en ce genre, qu'il eft bien capable d'exécuter.

La folution des fels dans l'eau n'exige aucun appareil particulier. On fe fert avec avantage dans les opérations en petit de phioles à médecine de différentes grandeurs, *planche II*, *figures 16 & 17*; de terrines de grès, *même planche A*, *fig. 1 & 2*; de matras à col allongé, *figure 14*; de cafferoles ou baffines de cuivre & d'argent, *figures 13 & 15*.

## §. I I.

### *De la Lexiviation.*

La lexiviation eft une opération des arts & de la chimie, dont l'objet eft de féparer des fubftances folubles dans l'eau d'avec d'autres fubftances qui font infolubles. On a coutume de fe fervir pour cette opération dans les arts

& dans les usages de la vie d'un grand cuvier A B C D, *planche II*, *figure 12*, percé en D près de son fond d'un trou rond dans lequel on introduit une champlure de bois D E ou un robinet de métal. On met d'abord au fond du cuvier une petite couche de paille, & ensuite par-dessus la matière qu'on se propose de lessiver; on la recouvre d'une toile, & on verse de l'eau froide ou chaude, suivant que la substance est d'une solubilité plus ou moins grande. L'eau s'imbibe dans la matière, & pour qu'elle la pénètre mieux, on tient pendant quelque tems fermé le robinet D E. Lorsqu'on juge qu'elle a eu le tems de dissoudre toutes les parties salines, on la laisse couler par le robinet D E; mais comme il reste toujours à la matière insoluble une portion d'eau adhérente qui ne coule pas, comme cette eau est nécessairement aussi chargée de sel que celle qui a coulé, on perdroit une quantité considérable de parties salines, si on ne repassoit à plusieurs reprises de nouvelle eau à la suite de la première. Cette eau sert à étendre celle qui est restée; la substance saline se partage & se fractionne, & au troisième ou quatrième relavage, l'eau passe presque pure; on s'en assure par le moyen du pèse-liqueur dont il a été parlé, page 16.

Le petit lit de paille qu'on met au fond du
vase sert à procurer des interstices pour l'écoulement de l'eau ; on peut l'assimiler aux pailles
ou aux tiges de verre dont on se sert pour filtrer dans l'entonnoir , & qui empêchent l'application trop immédiate du papier contre le
verre. A l'égard du linge qu'on met par-dessus la matière qu'on se propose de lessiver , il
n'est pas non plus inutile ; il a pour objet
d'empêcher que l'eau ne fasse un creux dans la
matière à l'endroit où on la verse , & qu'elle
ne s'ouvre des issues particulières qui empêcheroient que toute la masse ne fût lessivée.

On imite plus ou moins cette opération des
arts dans les expériences chimiques ; mais attendu qu'on se propose plus d'exactitude , &
que lorsqu'il est question , par exemple , d'une
analyse, il faut être sûr de ne laisser dans le
résidu aucune partie saline ou soluble, on est
obligé de prendre quelques précautions particulières. La première est d'employer plus d'eau
que dans les lessives ordinaires, & d'y délayer
les matières avant de tirer la liqueur à clair ;
autrement toute la masse ne seroit pas également lessivée , & il pourroit même arriver que
quelques portions ne le fussent aucunement. Il
faut aussi avoir soin de repasser de très-grandes
quantités d'eau , & on ne doit en général regar-

der l'opération comme terminée, que quand l'eau paffe abfolument dépouillée de fel, & que l'aréomètre indique qu'elle n'augmente plus de pefanteur fpécifique en traverfant la matière contenue dans le cuivre.

Dans les expériences très en petit, on fe contente communément de mettre dans des bocaux ou des matras de verre la matière qu'on fe propofe de leffiver ; on verfe deffus de l'eau bouillante, & on filtre au papier dans un entonnoir de verre. Voy. *planche II, figure 7.* On relave enfuite avec de l'eau bouillante. Quand on opère fur des quantités un peu plus grandes, on délaie les matières dans un chaudron d'eau bouillante, & on filtre avec le quarré de bois repréfenté, *planche II, figure 3 & 4* qu'on garnit de toile & d'un papier à filtrer. Enfin dans les opérations très en grand, on emploie le baquet ou cuvier que j'ai décrit au commencement de cet article, & qui eft repréfenté, *figure 12.*

## §. I I I.

### De l'Evaporation.

L'évaporation a pour objet de féparer l'une de l'autre deux matières, dont l'une au moins eft liquide, & qui ont un degré de volatilité très-différent.

C'eſt ce qui arrive lorſqu'on veut obtenir dans l'état concret un ſel qui a été diſſous dans l'eau : on échauffe l'eau & on la combine avec le calorique qui la volatiliſe ; les molécules de ſel ſe rapprochent en même tems, & obéiſſant aux loix de l'attraction, elles ſe réuniſſent pour reparoître ſous leur forme ſolide.

On a penſé que l'action de l'air influoit beaucoup ſur la quantité de fluide qui s'évapore, & on eſt tombé à cet égard dans des erreurs qu'il eſt bon de faire connoître. Il eſt ſans doute une évaporation lente qui ſe fait continuellement d'elle-même à l'air libre, & à la ſurface des fluides expoſés à la ſimple action de l'atmoſphère. Quoique cette première eſpèce d'évaporation puiſſe être juſqu'à un certain point conſidérée comme une diſſolution par l'air, il n'en eſt pas moins vrai que le calorique y concourt, puiſqu'elle eſt toujours accompagnée de refroidiſſement : on doit donc la regarder comme une diſſolution mixte, faite en partie par l'air, & en partie par le calorique. Mais il eſt un autre genre d'évaporation, c'eſt celle qui a lieu à l'égard d'un fluide entretenu toujours bouillant ; l'évaporation qui ſe fait alors par l'action de l'air n'eſt plus que d'un objet très-médiocre en comparaiſon de celle qui eſt occaſionnée par l'action du calorique : ce n'eſt plus, à proprement par-

ler, l'évaporation qui a lieu, mais la vaporisa-
tion; or cette dernière opération ne s'accélère
pas en raison des furfaces évaporantes, mais
en raifon des quantités de calorique qui fe
combinent avec le liquide. Un trop grand
courant d'air froid nuit quelquefois dans ces
occafions à la rapidité de l'évaporation, par la
raifon qu'il enlève du calorique à l'eau, & qu'il
ralentit par conféquent fa converfion en vapeurs. Il n'y a donc nul inconvénient à couvrir
jufqu'à un certain point le vafe où l'on fait
évaporer un liquide entretenu toujours bouillant, pourvu que le corps qui couvre foit de
nature à dérober peu de calorique, qu'il
foit, pour me fervir d'une expreffion du doc-
teur Francklin, mauvais conducteur de chaleur;
les vapeurs s'échappent alors par l'ouverture
qui leur eft laiffée, & il s'en évapore au moins
autant & fouvent plus que quand on laiffe un
accès libre à l'air extérieur.

Comme dans l'évaporation, le liquide que
le calorique enlève eft abfolument perdu,
comme on le facrifie pour conferver la fubftance fixe avec laquelle il étoit combiné, on
n'évapore jamais que des matières peu précieu-
fes, telles, par exemple, que l'eau. Lorfqu'elles
ont plus de valeur, on a recours à la diftillation :
autre opération dans laquelle on conferve à la

fois & le corps fixe & le corps volatil.

Les vaisseaux dont on se sert pour les évaporations, sont des bassines de cuivre ou d'argent, quelquefois de plomb, telles que celle représentée *planche II, fig. 13*; des casserolles également de cuivre ou d'argent, *fig. 15*.

Des capsules de verre, *pl. III, fig. 3 & 4.*
Des jattes de porcelaine.

Des terrines de grès A, *planche II, fig. 1 & 2.*

Mais les meilleures de toutes les capsules à évaporer, sont des fonds de cornue & des portions de matras de verre. Leur *minceur* qui est égale par-tout, les rend plus propres que tout autre vaisseau à se prêter, sans se casser, à une chaleur brusque & à des alternatives subites de chaud & de froid. On peut les faire soi-même dans les laboratoires, & elles reviennent beaucoup moins cher que les capsules qu'on achète chez les fayanciers. Cet art de couper le verre ne se trouve décrit nulle part, & je vais en donner une idée.

On se sert d'anneaux de fer A C, *pl. III, fig. 5*, que l'on soude à une tige de fer A B, garnie d'un manche de bois D. On fait rougir l'anneau de fer dans un fourneau, puis on pose dessus le matras G, *fig. 6*, qu'on se propose de couper : lorsqu'on juge que le verre a été suffi-

samment

samment échauffée par l'anneau de fer rouge, on jette quelques gouttes d'eau deſſus, & le matras ſe caſſe ordinairement juſte dans la ligne circulaire qui étoit en contact avec l'anneau de fer.

D'autres vaiſſeaux évaporatoires, d'un excellent uſage, ſont de petites fioles de verre, qu'on déſigne dans le commerce ſous le nom de fioles à médecine. Ces bouteilles qui ſont de verre mince & commun, ſupportent le feu avec une merveilleuſe facilité, & ſont à très-bon marché. Il ne faut pas craindre que leur figure nuiſe à l'évaporation de la liqueur. J'ai déjà fait voir que toutes les fois qu'on évaporoit le liquide au degré de l'ébullition, la figure du vaiſſeau contribuoit ou nuiſoit peu à la célérité de l'opération, ſur-tout quand les parois ſupérieures du vaiſſeau étoient mauvais conducteurs de chaleur, comme le verre. On place une ou pluſieurs de ces fioles ſur une ſeconde grille de fer F G, *planche III*, *fig. 2*, qu'on poſe ſur la partie ſupérieure d'un fourneau, & ſous laquelle on entretient un feu doux. On peut ſuivre de cette manière un grand nombre d'expériences à la fois.

Un autre appareil évaporatoire aſſez commode & aſſez expéditif conſiſte dans une cornue de verre qu'on met au bain de ſable, comme on le voit *planche III*, *fig. 1*, & qu'on recouvre avec un dôme de terre cuite : mais l'opération eſt toujours beaucoup plus lente, quand on ſe ſert du bain de ſable ; elle n'eſt pas d'ailleurs exempte de dangers, parce que le ſable s'échauffant inégalement, tandis que le verre ne peut pas ſe prêter à des degrés de dilatation locale, le vaiſſeau eſt ſouvent expoſé à caſſer. Il arrive même quelquefois que le ſable chaud fait exactement l'office des anneaux de fer repréſentés *planche III*, *fig. 5 & 6*, ſur-tout lorſque le vaſe contient un fluide qui diſtille. Une goutte de fluide qui s'éclabouſſe & qui vient tomber ſur les parois du vaiſſeau à l'endroit du contact de l'anneau de ſable, le fait caſſer circulairement en deux parties terminées par une ligne bien tranchée.

Dans les cas où l'évaporation exige une grande intenſité de feu, on ſe ſert de creuſets de terre ; mais en général on entend le plus communément par le mot *évaporation* une opération qui ſe fait au degré de l'eau bouillante, ou très-peu au-deſſus.

## §. I V.

### *De la Criſtalliſation.*

La criſtalliſation eſt une opération dans laquelle les parties intégrantes d'un corps ſéparées les unes des autres par l'interpofition d'un fluide, font déterminées par la force d'attraction qu'elles exercent les unes fur les autres, à fe rejoindre pour former des maffes folides.

Lorfque les molécules d'un corps font fimplement écartées par le calorique, & qu'en vertu de cet écartement ce corps eft porté à l'état de liquide, il ne faut, pour le ramener à l'état de folide, c'eft-à-dire pour opérer fa criftallifation, que fupprimer une partie du calorique logé entre fes molécules, autrement dit le refroidir. Si le refroidiffement eft lent & fi en même tems il y a repos, les molécules prennent un arrangement régulier, & alors il y a criftallifation proprement dite : fi au contraire le refroidiffement eft rapide, ou fi en fuppofant un refroidiffement lent on agite le liquide au moment où il va paffer à l'état concret, il y a criftallifation confufe.

Les mêmes phénomènes ont lieu dans les folutions par l'eau ; ou pour mieux dire, les folutions par l'eau font toujours mixtes, comme je l'ai déjà fait voir dans le paragraphe premier de ce chapitre : elles s'opèrent en partie par l'action de l'eau, en partie par celle du calorique. Tant qu'il y a fuffifamment d'eau & de calorique pour écarter les molécules du fel, au point qu'elles foient hors de leur fphère

d'attraction, le fel demeure dans l'état fluide,
L'eau & le calorique viennent-ils à manquer,
& l'attraction des molécules falines les unes par
rapport aux autres devient-elle victorieufe, le fel
reprend la forme concrète, & la figure des criftaux eft d'autant plus régulière, que l'évaporation a été plus lente & faite dans un lieu plus
tranquille.

Tous les phénomènes qui ont lieu dans la
folution des fels fe retrouvent également dans
leur criftallifation, mais dans un fens inverfe.
Il y a dégagement de calorique au moment où
le fel fe réunit & reparoît fous fa forme concrète & folide, & il en réfulte une nouvelle
preuve que les fels font tenus à la fois en diffolution par l'eau & par le calorique. C'eft par
cette raifon qu'il ne fuffit pas pour faire crif-
tallifer les fels qui fe liquéfient aifément par le
calorique, de leur enlever l'eau qui les tenoit
en diffolution ; il faut encore leur enlever le
calorique, & le fel ne criftallife qu'autant que
ces deux conditions font remplies. Le falpêtre,
le muriate oxygéné de potaffe, l'alun, le fulfate
de foude, &c. en fourniffent des exemples. Il
n'en eft pas de même des fels qui exigent peu de
calorique pour être tenus en diffolution, & qui
par cela même font à peu près également folubles dans l'eau chaude & dans l'eau froide ; il

fuffit de leur enlever l'eau qui les tenoit en diffolution pout les faire criftallifer, & ils reparoiffent fous forme concrète dans l'eau bouillante même, comme on l'obferve relativement au fulfate de chaux, aux muriates de foude & de potaffe, & à beaucoup d'autres.

C'eft fur ces propriétés des fels & fur leur différence de folubilité à chaud & à froid, qu'eft fondé le raffinage du falpêtre. Ce fel, tel qu'il eft retiré par une première opération, & tel qu'il eft livré par les falpêtriers, eft compofé de fels déliquefcens qui ne font pas fufceptibles de criftallifer, tels que le nitrate & le muriate de chaux ; de fels qui font prefqu'également folubles à chaux & à froid, tels que les muriates de potaffe & de foude; enfin de falpêtre, qui eft beaucoup plus foluble à chaud qu'à froid.

On commence par verfer fur tous ces fels confondus enfemble une quantité d'eau fuffifante pour tenir en diffolution les moins folubles de tous, & ce font les muriates de foude & de potaffe. Cette quantité d'eau tient facilement en diffolution tout le falpêtre, tant qu'elle eft chaude; mais il n'en eft plus de même lorfqu'elle fe refroidit; la majeure partie du falpêtre criftallife; il n'en refte qu'environ un fixième tenu en diffolution, & qui fe trouve confondu avec le nitrate calcaire & avec les muriates.

Le falpêtre qu'on obtient ainfi eft un peu imprégné de fels étrangers, parce qu'il a criftallifé dans une eau qui elle-même en étoit chargée ; mais on l'en dépouille complètement par une nouvelle diffolution à chaud avec très-peu d'eau & par une nouvelle criftallifation.

A l'égard des eaux furnageantes à la criftal-lifation du falpêtre, & qui contiennent un mé-lange de falpêtre & de différens fels, on les fait évaporer pour en tirer du falpêtre brun, qu'on purifie enfuite également par deux nou-velles diffolutions & criftallifations.

Les fels à bafe terreufe qui font incriftalli-fables, font rejettés s'ils ne contiennent point de nitrates ; fi au contraire ils en contiennent, on les étend avec de l'eau, on précipite la terre par le moyen de la potaffe, on laiffe dépofer, on décante, on fait évaporer & on met à crif-tallifer.

Ce qui s'obferve dans le raffinage du falpê-tre, peut fervir de règle toutes les fois qu'il eft queftion de féparer par voie de criftallifation plufieurs fels mêlés enfemble. Il faut alors étu-dier la nature de chacun, la proportion qui s'en diffout dans des quantités données d'eau, leur différence de folubilité à chaud & à froid. Si à ces propriétés principales on joint celle qu'ont quelques sels de se dissoudre dans l'alkool ou dans un mélange d'alkool & d'eau, on verra qu'on a des ressources très-multipliées pour opérer la séparation des sels par voie de cristallisation. Mais il faut convenir en même tems qu'il est difficile de rendre cette séparation complette & absolue.

Les vaisseaux qu'on emploie pour la cristallisation des sels, sont des terrines de grès A, *planc. II, figures 1 & 2*, & de grandes capsules applaties, *planche III, fig. 7.*

Lorsqu'on abandonne une solution saline à une évaporation lente, à l'air libre & à la chaleur de l'atmosphère, on doit employer des vases un peu élevés, tels que celui représenté *pl. III, fig. 3*, afin qu'il y ait une épaisseur un peu considérable de liqueur ; on obtient par ce moyen des cristaux beaucoup plus gros & aussi réguliers qu'on puisse l'espérer.

Non-seulement tous les sels cristallisent sous différentes formes, mais encore la cristallisation de chaque sel varie suivant les circonstances de la cristallisation. Il ne faut pas en conclure que la figure des molécules salines ait rien d'indéterminé dans chaque espèce : rien n'est plus constant au contraire que la figure des molécules primitives des corps, sur-tout à l'égard des fels. Mais les criftaux qui fe forment fous nos yeux, font des aggrégations de molécules, & ces molécules, quoique toutes parfaitement égales en figure & en groffeur, peuvent prendre des arrangemens différens, qui donnent lieu à une grande variété de figures toutes régulières, & qui paroiffent quelquefois n'avoir aucun rapport, ni entr'elles, ni avec la figure du criftal originaire. Cet objet a été favamment traité par M. l'Abbé Haüy, dans plufieurs Mémoires préfentés à l'Académie, & dans un Ouvrage fur la ftructure des criftaux. Il ne refte plus même qu'à étendre à la claffe des fels ce qu'il a fait plus particulièrement .pour quelques pierres criftallifées.

## §. V.

### De la Diftillation fimple.

La diftillation a deux objets bien déterminés : je diftinguerai en conféquence deux efpèces de diftillation, la diftillation fimple & la diftillation compofée. C'eft uniquement de la première dont je m'occuperai dans cet article.

Lorfqu'on foumet à la diftillation deux corps dont l'un eft plus volatil, c'eft-à-dire, a plus d'affinité que l'autre avec le calorique, le but qu'on fe propofe eft de les féparer : le plus

volatil prend la forme de gaz, & on le condenfe enfuite par refroidiffement dans des appareils propres à remplir cet objet. La diftillation n'eft alors, comme l'évaporation, qu'une
opération en quelque façon mécanique qui fé-
pare l'une de l'autre deux fubftances, fans les
décompofer & fans en altérer la nature. Dans
l'évaporation c'étoit le produit fixe qu'on cher-
choit à conferver, fans s'embarraffer de conferver le produit volatil; dans la diftillation au
contraire on s'attache le plus communément à
recueillir le produit volatil, à moins qu'on ne
fe propofe de les conferver tous deux. Ainfi la
diftillation fimple bien analyfée ne doit être
confidérée que comme une évaporation en vaiffeaux clos.

Le plus fimple de tous les appareils diftillatoires eft une bouteille **A**, *planc. III, fig. 8*,
dont on courbe, dans la verrerie même, le col
**B C** en **B D**. Cette bouteille ou fiole porte
alors le nom de cornue; on la place ou dans
un fourneau de reverbère, comme on le voit
*planche XIII, fig. 2*, ou au bain de fable fous
une couverture de terre cuite, comme on le
voit *planche III, fig. 1*. Pour recueillir & pour
condenfer les produits, on adapte à la cornue
un récipient **E**, *planche III, fig. 9*, qu'on lutte
avec elle: quelquefois, fur-tout dans les opé-

rations de pharmacie, on fe fert d'une cucurbite de verre ou de grès A, *planche III,
fig. 12*, furmontée de fon chapiteau B, ou
bien d'un alambic de verre auquel tient un
chapiteau d'une feule pièce, *figure 13*. On mé-
nage à ce dernier une tubulure, c'eſt-à-dire une
ouverture T, qu'on bouche avec un bouchon
de criſtal ufé à l'émeril. On voit que le chapiteau B de l'alambic a une rigole *rr*, deſtinée
à recevoir la liqueur qui fe condenfe, & à la
conduire au bec *r* S par lequel elle s'écoule.

Mais, comme dans prefque toutes les diſtillations il y a une expanſion de vapeurs qui
pourroit faire éclater les vaiſſeaux, on eſt obligé
de ménager au ballon ou récipient E, *fig. 9*,
un petit trou T, par lequel on donne iſſue aux
vapeurs. D'où l'on voit qu'on perd dans cette
manière de diſtiller tous les produits qui font
dans un état conſtamment aériforme, & ceux
même qui, ne perdant pas facilement cet état,
n'ont pas le tems d'être condenſés dans l'intérieur du ballon. Cet appareil ne peut donc être
employé que dans les opérations courantes des
laboratoires & dans la pharmacie, mais il eſt
infuffifant pour toutes les opérations de recherches. Je détaillerai à l'article de la diſtillation
compofée, les moyens qu'on a imaginés pour
recueillir fans perte la totalité des produits.

Les vaisseaux de verre étant très-fragiles &
ne réfistant pas toujours aux alternatives brufques du chaud & du froid, on a imaginé de
faire des appareils diftillatoires en métal. Ces
inftrumens font néceffaires pour diftiller de l'eau,
des liqueurs fpiritueufes, pour obtenir les huiles
effentielles des végétaux, &c. on ne peut fe
difpenfer dans un laboratoire bien monté d'avoir un ou deux alambics de cette efpèce &
de différente grandeur.

Cet appareil diftillatoire confifte dans une
cucurbite de cuivre rouge étamé A, *pl. III*,
*fig. 15 & 16*, dans laquelle s'ajufte, lorfqu'on
le juge à propos, un bain-marie d'étain D,
*figure 17*, & fur lequel on place le chapiteau F.
Ce chapiteau peut également s'ajufter fur la
cucurbite de cuivre, fans bain-marie ou avec
le bain-marie, fuivant la nature des opérations.
Tout l'intérieur du chapiteau doit être en étain.

Il eft néceffaire, fur-tout pour la diftillation
des liqueurs fpiritueufes, que le chapiteau F de
l'alambic foit garni d'un réfrigérent SS, *fig. 16*,
dans lequel on entretient toujours de l'eau
fraîche. On la laiffe écouler par le moyen du
robinet R, quand on s'apperçoit qu'elle devient
trop chaude, & on la renouvelle avec de la
fraîche. Il eft aifé de concevoir quel eft l'ufage
de cette eau ; l'objet de la diftillation eft de

convertir en gaz la matière qu'on veut diſtiller & qui eſt contenue dans la cucurbite, & cette converſion ſe fait à l'aide du calorique fourni par le feu du fourneau : mais il n'y auroit pas de diſtillation, ſi ce même gaz ne ſe condenſoit pas dans le chapiteau, s'il n'y perdoit pas la forme de gaz & ne redevenoit pas liquide. Il eſt donc néceſſaire que la ſubſtance que l'on diſtille dépoſe dans le chapiteau tout le calorique qui s'y étoit combiné dans la cucurbite, & par conſéquent que les parois du chapiteau ſoient toujours entretenues à une température plus baſſe que celle qui peut maintenir la ſubſtance à diſtiller dans l'état de gaz. L'eau du réfrigérent eſt deſtinée à remplir cet office. On ſait que l'eau ſe convertit en gaz à 80 degrés du thermomètre françois, l'eſprit-de-vin ou alkool à 67, l'éther à 32 ; on conçoit donc que ces ſubſtances ne diſtilleroient pas, ou plutôt qu'elles s'échapperoient en vapeurs aériformes, ſi la chaleur du réfrigérent n'étoit pas entretenue au-deſſous de ces degrés reſpectifs.

Dans la diſtillation des liqueurs ſpiritueuſes & en général des liqueurs très-expanſives, le réfrigérent ne ſuffit pas pour condenſer toutes les vapeurs qui s'élèvent de la cucurbite, alors au lieu de recevoir directement la liqueur du bec TU de l'alambic dans un récipient, on interpofe entre deux un ferpentin. On donne ce nom à un inftrument repréfenté *fig.* 18. Il confifte en un tuyau tourné en fpirale, & qui fait un grand nombre de révolutions dans un feau de cuivre étamé BCDE. On entretient toujours de l'eau dans ce feau, & on la renouvelle quand elle s'échauffe. Cet inftrument eft en ufage dans tous les atteliers de fabrication d'eau-de-vie; on n'y emploie pas même de chapiteau proprement dit ni de réfrigérent, & toute la condenfation s'opère dans le ferpentin. Celui repréfenté dans la *figure* 18, a un tuyau double dont l'un eft fpécialement deftiné à la diftillation des matières odorantes.

Quelquefois, même dans la diftillation fimple, on eft obligé d'ajouter une allonge entre la cornue & le récipient, comme on le voit *fig.* 11. Cette difpofition peut avoir deux objets; ou de féparer l'un de l'autre des produits de différens degrés de volatilité, ou d'éloigner le récipient du fourneau, afin que la matière qui doit y être contenue éprouve moins de chaleur. Mais ces appareils & plufieurs autres plus compliqués qui ont été imaginés par les anciens, font bien éloignés de répondre aux vues de la Chimie moderne: on en jugera par les détails dans lefquels j'entrerai à l'article de la diftillation compofée.

## §. V I.

### De la Sublimation.

On donne le nom de sublimation à la distillation des matières qui se condensent dans un état concret : ainsi on dit la sublimation du soufre, la sublimation du sel ammoniac ou muriate ammoniacal, &c. Ces opérations n'exigent pas d'appareils particuliers ; cependant on a coutume d'employer pour la sublimation du soufre, ce qu'on nomme des aludels. Ce sont des vaisseaux de terre ou de fayance qui s'ajustent les uns avec les autres, & qui se placent sur une cucurbite qui contient le soufre.

Un des meilleurs appareils sublimatoires pour les matières qui ne sont point très-volatiles, est une fiole à médecine qu'on enfonce aux deux tiers dans un bain de sable ; mais alors on perd une partie du produit. Toutes les fois qu'on veut les conserver tous, il faut se rapprocher des appareils pneumato-chimiques, dont je vais donner la description dans le Chapitre suivant.

# CHAPITRE VI.

*Des Diſtillations pneumato - chimiques , des Diſſolutions métalliques , & de quelques autres opérations qui exigent des Appareils très-compliqués.*

## §. I.

*Des Diſtillations compoſées , & des Diſtillations pneumato-chimiques.*

JE n'ai préſenté dans le §. 5 du Chapitre précédent, la diſtillation, que comme une opération ſimple, dont l'objet eſt de ſéparer l'une de l'autre deux ſubſtances de volatilité différente : mais le plus ſouvent la diſtillation fait plus ; elle opère une véritable décompoſition du corps qui y eſt ſoumis : elle ſort alors de la claſſe des opérations ſimples, & elle rentre dans l'ordre de celles qu'on peut regarder comme des plus compliquées de la chimie. Il eſt ſans doute de l'eſſence de toute diſtillation, que la ſubſtance que l'on diſtille ſoit réduite à l'état de gaz dans la cucurbite par ſa combinaiſon avec le calorique ; mais dans la diſtillation simple ce même calorique se dépose dans le réfrigérent ou dans le serpentin, & la même substance reprend son état de liquidité. Il n'en est pas ainsi dans la distillation composée ; il y a dans cette opération décomposition absolue de la substance soumise à la distillation : une portion telle que le charbon, demeure fixe dans la cornue, tout le reste se réduit en gaz d'un grand nombre d'espèces. Les uns sont susceptibles de se condenser par le refroidissement, & de reparoître sous forme concrète & liquide ; les autres demeurent constamment dans l'état aériforme ; ceux-ci sont absorbables par l'eau, ceux-là le sont par les alkalis ; enfin quelques-uns ne sont absorbables par aucune substance. Un appareil distillatoire ordinaire, & tel que ceux que j'ai décrits dans le chapitre précédent, ne suffiroit pas pour retenir & pour séparer des produits aussi variés : on est donc obligé d'avoir recours à des moyens beaucoup plus compliqués.

Je pourrois placer ici un historique des tentatives qui ont été successivement faites pour retenir les produits aériformes qui se dégagent des distillations ; ce seroit une occasion de citer Hales, Rouellé, Woulfe & plusieurs autres chimistes célèbres ; mais comme je me suis fait une loi d'être aussi concis qu'il se-

roit

roit poſſible, j'ai penſé qu'il valoit mieux décrire tout d'un coup l'appareil le plus parfait,
plutôt que de fatiguer le lecteur par le détail
de tentatives infructueuſes faites dans un tems
où l'on n'avoit encore que des idées très-im-
parfaites ſur la nature des gaz en général. L'appareil dont je vais donner la deſcription eſt
deſtiné à la plus compliquée de toutes les diſtillations : on pourra le ſimplifier enſuite ſuivant
la nature des opérations.

A, *planche IV*, *figure 1*, repréſente une
cornue de verre tubulée en H, dont le col B
s'ajuſte avec un ballon GC à deux pointes. A la
tubulure ſupérieure D de ce ballon s'ajuſte un
tube de verre DE$fg$ qui vient plonger par
ſon extrêmité $g$ dans la liqueur contenue dans
la bouteille L. A la ſuite de la bouteille L qui
eſt tubulée en $xxx$ ſont trois autres bouteilles
L', L'', L''', qui ont de même trois tubulures ou
gouleaux $x', x', x'; x'', x'', x''; x''', x''', x'''$. Chaque
bouteille eſt liée par un tube de verre $xyz'$,
$x'y'z'', x''y''z'''$; enfin à la dernière tubulure de
la bouteille L''' eſt adapté un tube $x'''RM$ qui
aboutit ſous une cloche de verre, laquelle eſt
placée ſur la tablette de l'appareil pneumato-
chimique. Communément on met dans la première bouteille un poids bien connu d'eau
diſtillée, & dans les trois autres de la potaſſe

Tome II.                                          I

cauſtique étendue d'eau : la tarre de ces bouteilles & le poids de la liqueur alkaline qu'elles
contiennent doivent être déterminés avec un
très-grand ſoin. Tout étant ainſi diſpoſé, on
lute toutes les jointures, ſavoir celle B de la
cornue au ballon, & celle D de la tubulure ſupérieure du ballon avec du lut gras recouvert
de toile imbibée de chaux & de blanc d'œuf,
& toutes les autres avec un lut de térébenthine
cuite & de cire fondues enſemble.

On voit d'après ces diſpoſitions que lorſqu'on
a mis le feu ſous la cornue A, & que la ſubſtance qu'elle contient a commencé à ſe décom-
poſer, les produits les moins volatils doivent ſe
condenſer & ſe ſublimer dans le col même de
la cornue, & que c'eſt principalement-là que
doivent ſe raſſembler les ſubſtances concrètes:
que les matières plus volatiles telles que les
huiles légères, l'ammoniaque & beaucoup d'autres ſubſtances, doivent ſe condenſer dans le
matras G C; que les gaz, au contraire, qui ne
peuvent être condenſés par le froid, doivent
bouillonner à travers les liqueurs contenues
dans les bouteilles LL'L''L'''; que tout ce qui
eſt abſorbable par l'eau doit reſter dans la bouteille L; que tout ce qui eſt ſuſceptible d'être
abſorbé par l'alkali doit reſter dans les bouteilles L'L''L''', enfin que les gaz qui ne ſont

abſorbables ni par l'eau, ni par les alkalis, doivent s'échapper par le tube R M, à la ſortie duquel ils peuvent être reçus dans des cloches de verre. Enfin ce qu'on appeloit autrefois le *caput mortuum*, le charbon & la terre comme abſolument fixes, doivent reſter dans la cornue.

On a toujours dans cette manière d'opérer une preuve matérielle de l'exactitude du réſultat ; car le poids des matières en total doit être le même avant & après l'opération : ſi donc on a opéré par exemple ſur 8 onces de gomme arabique ou d'amidon, le poids du réſidu charbonneux qui reſtera dans la cornue A après l'opération, plus celui des produits raſſemblés dans ſon col & dans le matras G C, plus celui du gaz raſſemblé dans la cloche M, plus enfin l'augmentation de poids acquiſe par les bouteilles L, L′, L″, L‴ ; tous ces poids, dis - je, réunis doivent former un total de 8 onces. S'il y a plus ou moins, il y a erreur, & il faut recommencer l'expérience juſqu'à ce qu'on ait un réſultat dont on ſoit ſatisfait, & qui diffère à peine de 6 ou 8 grains par livre de matière miſe en expérience.

J'ai rencontré long-tems dans ce genre d'expériences des difficultés preſqu'inſurmontables, & qui m'auroient obligé d'y renoncer, ſi je ne fuſſe parvenu enfin à les lever par un moyen très-simple, & dont M. Haffenfratz m'a fourni l'idée. Le moindre ralentiffement dans le degré de feu du fourneau, & beaucoup d'autres circonftances inféparables de ce genre d'expériences occafionnent fouvent des réabforptions de gaz : l'eau de la cuve rentre rapidement dans la bouteille L''' par le tube $x'''$ R M : la même chofe arrive d'une bouteille à l'autre, & fouvent la liqueur remonte jufques dans le ballon C. On prévient ces accidens en employant des bouteilles à trois tubulures, & en adaptant à l'une d'elles un tube capillaire S $t$, $s't'$, $s''t''$, $s'''t'''$, dont le bout doit plonger dans la liqueur des bouteilles. S'il y a abforption foit dans la cornue, foit dans quelques-unes des bouteilles, il rentre par ces tubes de l'air extérieur qui remplace le vuide qui s'eft formé, & on en eft quitte pour avoir un petit mélange d'air commun dans les produits ; mais au moins l'expérience n'eft pas entièrement manquée. Ces tubes peuvent bien admettre de l'air extérieur, mais ils ne peuvent en laiffer échapper, parce qu'ils font toujours bouchés dans leur partie inférieure $t\ t'\ t''\ t'''$ par le fluide des bouteilles.

On conçoit que pendant le cours de l'expérience, la liqueur des bouteilles doit remonter dans chacun de ces tubes à une hauteur relative à la preffion qu'éprouve l'air ou le gaz contenu dans la bouteille ; or cette preffion eft déterminée par la hauteur & par le poids de la colonne de liquide contenu dans toutes les bouteilles fubféquentes. En fuppofant donc qu'il y ait trois pouces de liqueur dans chaque bouteille, que la hauteur de l'eau de la cuve foit également de trois pouces au-deffus de l'orifice du tuyau R M, enfin que la pefanteur fpécifique des liqueurs contenues dans les bouteilles ne differe pas fenfiblement de celle de l'eau ; l'air de la bouteille L fera comprimé par un poids égal à celui d'une colonne d'eau de 12 pouces. L'eau s'elevera donc de 12 pouces dans le tube $St$, d'où il réfulte qu'il faut donner à ce tube plus de 12 pouces de longueur au-deffus du niveau du liquide $ab$. Le tube $s't'$ doit par la même raifon avoir plus de 9 pouces, le tube $s''t''$ plus de fix, & le tube $s'''t'''$ plus de trois. On doit au furplus donner à ces tubes plus que moins de longueur à caufe des ofcillations qui ont fouvent lieu. On eft obligé dans quelques cas d'introduire un femblable tube entre la cornue & le ballon ; mais comme ce tube ne plonge point dans l'eau, comme il n'eft point bouché par un liquide, au moins jufqu'à ce qu'il en ait paffé par le progrès de la diftillation, il faut en boucher l'ouverture fupérieure avec un peu de lut, &

I iij

ne l'ouvrir qu'au befoin, ou lorfqu'il y a affez de liquide dans le matras C pour fermer l'extrêmité du tube.

L'appareil dont je viens de donner la defcription, ne peut pas être employé dans des expériences exactes, toutes les fois que les matières qu'on fe propofe de traiter ont une action trop rapide l'une fur l'autre, ou lorfque l'une des deux ne doit être introduite que fucceffivement & par petites parties, comme il arrive dans les mélanges qui font une violente efferveſcence. On fe fert alors d'une cornue tubulée A, *planche VII, fig. 1.* On y introduit l'une des deux fubſtances, & de préférence celle qui eſt concrète, puis on adapte & on lute à la tubulure un tube recourbé BCDA terminé dans fa partie fupérieure B en entonnoir, & par fon extrêmité A en un tube capillaire : c'eſt par l'étonnoir B de ce tube qu'on verfe la liqueur. Il faut que la hauteur BC foit affez grande pour que la liqueur qu'on doit introduire puiffe faire équilibre avec la réfiſtance occafionnée par celle contenue dans les bouteilles LL'L"L"', *planche IV, figure 1.*

Ceux qui n'ont pas l'habitude de fe fervir de l'appareil diſtillatoire que je viens de décrire, ne manqueront pas de s'effrayer de la grande quantité d'ouvertures qu'on eſt obligé de luter, & du tems qu'exigent les préliminaires de semblables expériences ; & en effet si on fait entrer en ligne de compte les pesées qu'il est nécessaire de faire avant l'expérience & de répéter après, les préparatifs sont beaucoup plus longs que l'expérience elle-même. Mais aussi on est bien dédommagé de ses peines quand l'expérience réussit, & on acquiert en une seule fois plus de connoissances sur la nature de la substance animale ou végétale qu'on a soumise à la distillation, que par plusieurs semaines du travail le plus assidu.

A défaut de bouteilles triplement tubulées, on se sert de bouteilles à deux gouleaux : il est même possible de mettre les trois tubes dans la même ouverture, & de se servir de bouteilles ordinaires à gouleaux renversés pourvu que l'ouverture soit suffisamment grande. Il faut avoir soin d'ajuster sur les bouteilles des bouchons qu'on use avec une lime très-douce, & qu'on fait bouillir dans un mélange d'huile, de cire & de térébenthine. On perce à travers ces bouchons avec une lime nommée queue de rat, voyez *planche I, fig. 16*, autant de trous qu'il est necessaire pour le passage des tubes : on voit un de ces bouchons représenté, *pl. IV, figure 8.*

## §. II.

### *Des Diſſolutions métalliques.*

J'ai déjà fait ſentir lorſque j'ai parlé de la ſolution des ſels dans l'eau, combien il exiſtoit de différence entre cette opération & la diſſolution métallique. On a vu que la ſolution des ſels n'exigeoit aucun appareil particulier, & que tout vaſe y étoit propre. Il n'en eſt pas de même de la diſſolution des métaux ; pour ne rien perdre dans cette dernière, & pour obtenir des réſultats vraiment concluans, il faut employer des appareils très-compliqués, & dont l'invention appartient abſolument aux chimiſtes de notre âge.

Les métaux en général ſe diſſolvent avec efferveſcence dans les acides ; or l'effet auquel on a donné le nom d'efferveſcence n'eſt autre choſe qu'un mouvement excité dans la liqueur diſſolvante par le dégagement d'un grand nombre de bulles d'air ou de fluide aériforme qui partent de la ſurface du métal, & qui crèvent en ſortant de la liqueur diſſolvante.

M. Cavendiſh & M. Prieſtley ſont les premiers qui aient imaginé des appareils ſimples pour recueillir ces fluides élaſtiques. Celui de M. Prieſtley conſiſte en une bouteille A, *pl. VII, figure* 2 , bouchée en B avec un bouchon de liège troué dans son milieu, & qui laisse passer un tube de verre recourbé en BC, qui s'engage sous des cloches remplies d'eau , & renversées dans un bassin plein d'eau : on commence par introduire le métal dans la bouteille A, on verse l'acide par-dessus , puis on bouche avec le bouchon garni de son tube BC.

Mais cet appareil n'est pas sans inconvénient, du moins pour des expériences très-exactes. Premièrement lorsque l'acide est très-concentré , & que le métal est très-divisé, l'effervescence commence souvent avant qu'on ait eu le tems de boucher la bouteille ; il y a perte de gaz , & on ne peut plus déterminer les quantités avec exactitude. Secondement dans toutes les opérations où l'on est obligé de faire chauffer , il y a une partie de l'acide qui se distille & qui se mêle avec l'eau de la cuve ; en sorte qu'on se trompe dans le calcul des quantités d'acide décomposées. Troisièmement enfin l'eau de la cuve absorbe tous les gaz susceptibles de se combiner avec l'eau , & il est impossible de les recueillir sans perte.

Pour remédier à ces inconvéniens, j'avois d'abord imaginé d'adapter à une bouteille à deux gouleaux A, *planche VII, figure 3* , un entonnoir de verre BC qu'on y lute de manière à ne laisser aucune issue à l'air. Dans cet entonnoir entre une tige de cristal DE usée en D à l'émeri avec l'entonnoir, de manière à le fermer comme le bouchon d'un flacon.

Lorsqu'on veut opérer, on commence par introduire dans la bouteille A la matière à dissoudre : on lute l'entonnoir, on le bouche avec la tige DE, puis on y verse de l'acide qu'on fait passer dans la bouteille en aussi petite quantité que l'on veut, en soulevant doucement la tige : on répète successivement cette opération jusqu'à ce qu'on soit arrivé au point de saturation.

On a employé depuis un autre moyen qui remplit le même objet, & qui dans certains cas est préférable : j'en ai déjà donné une idée dans le paragraphe précédent. Il consiste à adapter à l'une des tubulures de la bouteille A, *pl. VII, fig. 4*, un tube recourbé DEFG terminé en D par une couverture capillaire, & en G par un entonnoir soudé au tube ; on le lute soigneusement & solidement dans la tubulure C. Lorsqu'on verse une petite goutte de liqueur dans le tube par l'entonnoir G, elle tombe dans la partie F ; si on en ajoute davantage, elle parvient à dépasser la courbure E & à s'introduire dans la bouteille A : l'écoulement dure tant qu'on fournit de nouvelle liqueur par l'entonnoir G. On conçoit qu'elle ne peut jamais être chaffée en dehors du tube ÉFG, & qu'il ne peut jamais fortir d'air ou de gaz de la bouteille ; parce que le poids de la liqueur l'en empêche & fait l'effet d'un véritable bouchon.

Pour remédier au fecond inconvénient, à celui de la diftillation de l'acide, qui s'opère fur-tout dans les diffolutions qui font accompagnées de chaleur, on adapte à la cornue A, *planc. VII, fig. 1*, un petit matras tubulé M qui reçoit la liqueur qui fe condenfe.

Enfin pour féparer les gaz abforbables par l'eau, tel que le gaz acide carbonique, on ajoute une bouteille L à deux gouleaux dans laquelle on met de l'alkali pur étendu d'eau : l'alkali abforbe tout le gaz acide carbonique, & il ne paffe plus, communément, fous la cloche par le tube N O, qu'une ou deux efpèces de gaz tout au plus : on a vu dans le premier chapitre de cette troifième partie comment on parvenoit à les féparer. Si une bouteille d'alkali ne fuffit pas, on en ajoute jufqu'à trois & quatre.

## §. III.

*Des Appareils relatifs aux fermentations vineufe & putride.*

La fermentation vineufe & la fermentation

putride exigent des appareils particuliers, &
deſtinés uniquement à ce genre d'expériences.
Je vais décrire celui que j'ai cru devoir définitivement adopter, après y avoir fait ſucceſſivement un grand nombre de corrections.

On prend un grand matras A, *planche X*,
d'environ 12 pintes de capacité : on y adapte
une virole de cuivre *ab* ſolidement maſtiquée,
& dans laquelle ſe viſe un tuyau coudé *cd*
garni d'un robinet *e*. A ce tuyau s'adapte une
eſpèce de récipient de verre à trois pointes B,
au-deſſous duquel eſt placée une bouteille C
avec laquelle il communique. A la ſuite du
récipient B eſt un tube de verre *ghi*, maſtiqué
en *g* & en *i* avec des viroles de cuivre : il eſt
deſtiné à recevoir un ſel concret très-déliqueſ-
cent, tel que du nitrate ou du muriate de
chaux, de l'acétite de potaſſe, &c.

Enfin ce tube eſt ſuivi de deux bouteilles
D, E, remplies juſqu'en *x y* d'alkali diſſous
dans l'eau, & bien dépouillé d'acide carbonique.

Toutes les parties de cet appareil ſont réunies les unes avec les autres par le moyen de
vis & d'écrous qui ſe ſerrent ; les points de
contact ſont garnis de cuir gras qui empêche
tout paſſage de l'air : enfin chaque pièce eſt
garnie de deux robinets , de manière qu'on

peut la fermer par fes deux extrêmités, & pefer ainfi chacune féparément à toutes les épo-
ques de l'expérience qu'on le juge à propos.

C'eft dans le ballon A qu'on met la matière
fermentefcible, du fucre par exemple, & de
la levure de bière étendue d'une fuffifante quantité d'eau & dont le poids eft bien déterminé.
Quelquefois lorfque la fermentation eft trop
rapide, il fe forme une quantité confidérable
d'écume qui non-feulement remplit le col du
ballon, mais qui paffe dans le récipient B &
coule dans la bouteille C. C'eft pour recueillir
cette mouffe & empêcher qu'elle ne paffe dans
le tube déliquefcent, qu'on a donné une capacité confidérable au récipient B & à la bouteille C.

Il ne fe dégage dans la fermentation du fucre, c'eft-à-dire dans la fermentation vineufe,
que de l'acide carbonique qui emporte avec
lui un peu d'eau qu'il tient en diffolution. Il en
dépofe une grande partie en paffant par le tube
*ghi* qui contient un fel déliquefcent en poudre
groffière, & on en connoît la quantité par l'augmentation de poids acquife par le fel. Ce même acide carbonique bouillonne enfuite à travers la liqueur alkaline de la bouteille D, dans
laquelle il eft conduit par le tube *klm*. La
petite portion qui n'a point été abforbée par

l'alkali contenu dans cette première bouteille, n'échappe point à la seconde E, & ordinairement il ne passe absolument rien sous la cloche F, si ce n'est l'air commun qui étoit contenu au commencement de l'expérience dans le vuide des vaisseaux.

Le même appareil peut servir pour les fermentations putrides ; mais alors il passe une quantité considérable de gaz hydrogène par le tube *qrstu*, lequel est reçu dans la cloche F ; & comme le dégagement est rapide, sur-tout en été, il faut la changer fréquemment. Ces fermentations exigent en conséquence une surveillance continuelle, tandis que la fermentation vineuse n'en exige aucune.

On voit qu'au moyen de cet appareil on peut connoître avec une grande précision le poids des matériaux mis à fermenter, & celui de tous les produits liquides ou aériformes qui s'en sont dégagés. On peut voir les détails dans lesquels je suis entré sur le résultat de la fermentation vineuse, dans le Chapitre XIII de la première partie de cet Ouvrage, page 139.

## §. IV.

### *Appareil particulier pour la décomposition de l'eau.*

J'ai déjà expofé, dans la première Partie de cet Ouvrage, Chapitre VIII, page 87, les expériences relatives à la décompofition de l'eau; j'éviterai donc des répétitions inutiles, & je me bornerai à des obfervations très-fommaires. Les matières qui ont la propriété de décompofer l'eau, font principalement le fer & le charbon; mais il faut pour cela qu'ils foient portés à une chaleur rouge : fans cette condition l'eau fe réduit fimplement en vapeurs, & elle fe condenfe enfuite par le refroidiffement, fans avoir éprouvé la moindre altération : à une chaleur rouge au contraire, le fer & le charbon enlèvent l'oxygène à l'hydrogène; dans le premier cas il fe forme de l'oxide noir de fer, & l'hydrogène fe dégage libre & pur fous la forme de gaz; dans le fecond il fe forme du gaz acide carbonique qui fe dégage mêlé avec le gaz hydrogène, & ce dernier eft communément carbonifé.

On fe fert avec avantage, pour décompofer l'eau par le fer, d'un canon de fufil dont on ôte la culaffe. On trouve aifément de ces fortes de canons chez les marchands de féraille. On doit choisir les plus longs & les plus forts : lorsqu'ils font trop courts & qu'on craint que les luts ne s'échauffent trop, on y fait fouder en foudure forte un bout de tuyau de cuivre. On place ce tuyau de fer dans un fourneau allongé C D E F, *planche VII, figure 11*, en lui donnant une inclinaifon de quelques degrés de E en F : cette inclinaifon doit être un peu plus grande qu'elle n'eft préfentée dans la *fig. 11*. On adapte à la partie fupérieure E de ce tuyau, une cornue de verre qui contient de l'eau & qui eft placée fur un fourneau VVXX. On le lute par fon extrêmité inférieure F avec un ferpentin SS′, qui s'adapte lui-même avec un flacon tubulé H, où fe raffemble l'eau qui a échappé à la décompofition. Enfin le gaz qui fe dégage eft porté à la cuve où il eft reçu fous des cloches par le tube K K adapté à la tubulure K du flacon H. Au lieu de la cornue A, on peut employer un entonnoir fermé d'un robinet par le bas, & par lequel on laiffe couler l'eau goutte à goutte. Si-tôt que cette eau eft parvenue à la partie où le tube eft échauffé, elle fe vaporife, & l'expérience a lieu de la même manière que fi elle étoit fournie en vapeurs par le moyen de la cornue A.

Dans l'expérience que nous avons faite,

M.

M. Meusnier & moi, en préfence des Commiffaires de l'Académie, nous n'avions rien négligé pour obtenir la plus grande précifion poffible dans les réfultats ; nous avions même porté le fcrupule jufqu'à faire le vuide dans les vaiffeaux avant de commencer l'expérience, afin que le gaz hydrogène que nous obtiendrions fût exempt de mélange de gaz azote. Nous rendrons compte à l'Académie, dans un très-grand détail, des réfultats que nous avons obtenus.

Dans un grand nombre de recherches on eft obligé de fubftituer au canon de fufil des tubes de verre, de porcelaine ou de cuivre. Mais les premiers ont l'inconvénient d'être faciles à fondre : pour peu que l'expérience ne foit pas bien ménagée, le tube s'applatit & fe déforme. Les tubes de porcelaine font la plupart percés d'une infinité de petits trous imperceptibles par lefquels le gaz s'échappe, furtout s'il eft comprimé par une colonne d'eau. C'eft ce qui m'a déterminé à me procurer un tube de cuivre rouge, que M. de la Briche a bien voulu faire couler plein & faire forer fous fes yeux à Strafbourg. Ce tube eft très commode pour opérer la décompofition de l'alkool : on fait en effet qu'expofé à une chaleur rouge, il fe réfout en carbone, en gaz acide carbonique & en gaz hydrogène. Ce même tube peut également fervir à la décompofition de l'eau par le carbone, & à un grand nombre d'expériences.

### §. V.

*De la préparation & de l'emploi des Luts.*

Si dans un tems où l'on perdoit une grande partie des produits de la diftillation, où l'on ne tenoit aucun compte de tout ce qui fe féparoit fous forme de gaz, en un mot, où l'on ne faifoit aucune expérience exacte & rigoureufe, on fentoit déjà la néceffité de bien luter les jointures des appareils diftillatoires; combien cette opération manuelle & méchanique n'eft-elle pas devenue plus importante, depuis qu'on ne fe permet plus de rien perdre dans les diftillations & dans les diffolutions, depuis qu'on exige qu'un grand nombre de vaiffeaux réunis enfemble fe comportent comme s'ils n'étoient que d'une feule pièce, & comme s'ils étoient hermétiquement fermés; enfin depuis qu'on eft plus fatisfait des expériences, qu'autant que la fomme du poids des produits obtenus eft égale à celui des matériaux mis en expérience.

La première condition qu'on exige de tout

lut deftiné à fermer les jointures des vaiffeaux,
eft d'être auffi imperméable que le verre lui-
même, de manière qu'aucune matière, fi fub-
tile qu'elle foit, à l'exception du calorique,
ne puiffe le pénétrer. Une livre de cire fondue
avec une once & demie ou deux onces de
térébenthine, rempliffent très-bien ce premier
objet ; il en réfulte un lut facile à manière qui
s'attache fortement au verre & qui ne fe laiffe
pas facilement pénétrer : on peut lui donner
plus de confiftance & le rendre plus ou moins
dur, plus ou moins fec, plus ou moins fou-
ple, en y ajoutant différentes réfines. Cette
claffe de luts a l'avantage de pouvoir fe ramollir par la chaleur, ce qui les rend commodes
pour fermer promptement les jointures des
vaiffeaux : mais, quelque parfaits qu'ils foient
pour contenir les gaz & les vapeurs, il s'en
faut bien qu'ils puiffent être d'un ufage général. Dans prefque toutes les opérations chimiques, les luts font expofés à une chaleur
confidérable & fouvent fupérieure au degré de
l'eau bouillante ; or à ce degré les réfines fe
ramolliffent, elles deviennent prefque liquides,
& les vapeurs expanfives contenues dans les
vaiffeaux fe font bientôt jour & bouillonnent
à travers.

On a donc été obligé d'avoir recours à des

matières plus propres à réſiſter à la chaleur,
& voici le lut auquel les Chimiſtes ſe ſont arrê-
tés après beaucoup de tentatives ; non pas qu'il
n'ait quelques inconvéniens , comme je le dirai
bientôt , mais parce qu'à tout prendre c'eſt encore celui qui réunit le plus d'avantages. Je
vais donner quelques détails ſur ſa préparation
& ſur-tout ſur ſon emploi : une longue expérience en ce genre m'a mis en état d'applanir
aux autres un grand nombre de difficultés.

L'eſpèce de lut dont je parle dans ce moment , eſt connue des Chimiſtes ſous le nom de
lut gras. Pour le préparer on prend de l'argile
non cuite , pure & très-ſèche ; on la réduit en
poudre fine , & on la paſſe au tamis de ſoie.
On la met enſuite dans un mortier de fonte ,
& on la bat pendant pluſieurs heures à coups
redoublés avec un lourd pilon de fer , en l'ar-
roſant peu à peu avec de l'huile de lin cuite,
c'eſt-à-dire, avec de l'huile de lin qu'on a
oxygénée & rendue ſiccative par l'addition d'un
peu de litharge. Ce lut eſt encore meilleur &
plus ténace , il s'attache mieux au verre quand,
au lieu d'huile graſſe ordinaire, on emploie du
vernis gras au ſuccin. Ce vernis n'eſt autre choſe
qu'une diſſolution de ſuccin ou ambre jaune
dans de l'huile de lin ; mais cette diſſolution n'a
lieu qu'autant que le ſuccin a été préalablement

fondu feul : il perd dans cette opération préalable un peu d'acide fuccinique & un peu d'huile. Le lut fait avec le vernis gras eft, comme je l'ai dit, un peu préférable à celui fait avec de l'huile de lin feule; mais il eft beaucoup plus cher, & l'excédent de qualité qu'on acquiert n'eft pas en proportion de l'excédent du prix : auffi eft-il rarement employé.

Le lut gras réfifte très-bien à un degré de chaleur même affez violent : il eft imperméable aux acides & aux liqueurs fpiritueufes; il prend bien fur les métaux, fur le grès, fur la porcelaine & fur le verre, mais pourvu qu'ils ayent été préalablement bien féchés. Si par malheur dans le cours d'une opération la liqueur en diftillation s'eft fait jour & qu'il ait pénétré quelque peu d'humidité, foit entre le verre & le lut, foit entre différentes couches même du lut, il eft d'une extrême difficulté de reboucher les ouvertures qui fe font formées; & c'eft un des principaux inconvéniens, peut-être le feul, que préfente l'ufage du lut gras.

La chaleur ramollit ce lut, & même au point de le faire couler; il a befoin en conféquence d'être contenu. Le meilleur moyen eft de le recouvrir avec des bandes de veffie, qu'on mouille & qu'on tortille tout autour. On fait enfuite une ligature avec de gros fil au-deffus & au-deffous du lut, puis on paffe par-deffus le lut même & par conféquent par-deffus la veffie qui le recouvre, un grand nombre de tours de fil : un lut arrangé avec ces précautions, eft à l'abri de tout accident.

Très-fouvent la figure des jointures des vaiffeaux ne permet pas d'y faire une ligature, & c'eft ce qui arrive au col des bouteilles à trois gouleaux : il faut d'ailleurs beaucoup d'adreffe pour ferrer fuffifamment le fil fans ébranler l'appareil, & dans les expériences où les luts font très-multipliés, on en dérangeroit fouvent plufieurs pour en arranger un feul. Alors on fubftitue à la veffie & à la ligature des bandes de toile imbibées de blanc d'œuf dans lequel on a délayé de la chaux. On applique fur le lut gras les bandes de toile encore humides ; en peu de tems elles fe fèchent & acquièrent une affez grande dureté. On peut appliquer ces mêmes bandes fur les luts de cire & de réfine. De la colle forte délayée dans de l'eau, peut fuppléer au blanc d'œuf.

La première attention qu'on doit avoir avant d'appliquer un lut quelconque fur les jointures des vaiffeaux eft de les affeoir & de les affujettir folidement, de manière qu'ils ne puiffent fe prêter à aucun mouvement. Si c'eft le col

d'une cornue qu'on veut luter à celui d'un récipient, il faut qu'il y entre à peu près jufte ;
s'il y a un peu de jeu, il faut affujettir les deux
vaiffeaux en introduifant entre leurs cols de
petits morceaux fort courts d'alumettes ou de
bouchon. Si la difproportion des deux cols eft
trop grande, on choifit un bouchon qui entre
jufte dans le col du matras ou récipient ; on
fait au milieu de ce bouchon un trou rond de
la groffeur néceffaire pour recevoir le col de
la cornue.

La même précaution eft néceffaire à l'égard
des tubes recourbés, qui doivent être lutés à
des gouleaux de bouteille, comme dans la
*planche IV*, *fig. 1*. On commence par choifir
un bouchon qui entre jufte dans le gouleau ;
puis on le perce d'un trou avec une lime d'une
efpèce nommée *queue de rat. Voyez* une de
ces limes repréfentée *planc. I*, *fig. 16*. Quand
un même gouleau eft deftiné à recevoir deux
tubes, ce qui arrive très-fouvent, fur-tout à
défaut de bouteilles à deux & à trois gouleaux,
on perce le bouchon de deux & de trois trous,
pour qu'il puiffe recevoir deux ou trois tubes.
On voit un de ces bouchons repréfenté *pl. IV*,
*figure 8.*

Ce n'eft que lorfque l'appareil eft ainfi folidement affujetti & de manière à ce qu'aucune

partie n'en puiſſe jouer, qu'on doit commencer à lutter. On ramollit d'abord à cet effet le lut, en le pétriſſant ; quelquefois même, ſur-tout en hiver, on eſt obligé de le faire légèrement chauffer : on le roule enſuite entre les doigts, pour le réduire en petits cylindres qu'on applique ſur les vaſes qu'on veut lutter, en ayant ſoin de les appuyer & de les applatir ſur le verre, afin qu'ils y contractent de l'adhérence. A un premier petit cylindre on en ajoute un ſecond, qu'on applatit également, mais de manière que ſon bord empiète ſur le précédent, & ainſi de ſuite. Quelque ſimple que ſoit cette opération, il n'eſt pas donné à tout le monde de la bien faire, & il n'eſt pas rare de voir les perſonnes peu au fait, recommencer un grand nombre de fois des luts ſans ſuccès, tandis que d'autres y réuſſiſſent avec certitude & dès la première fois. Le lut fait, on le recouvre, comme je l'ai dit, avec de la veſſie bien ficelée & bien ferrée, ou avec des bandes de toile imbibées de blanc d'œuf & de chaux. Je répéterai encore qu'il faut bien prendre garde, en faiſant un lut & ſur-tout en le ficelant, d'ébranler tous les autres ; autrement on détruiroit ſon propre ouvrage, & on ne parviendroit jamais à clôre les vaiſſeaux.

On ne doit jamais commencer une expé

rience, fans avoir eſſayé préalablement les luts. Il ſuffit pour cela, ou de chauffer très-légèrement la cornue A, *planc. IV*, *fig. 1*, ou de ſouffler de l'air par quelques-uns des tubes *s s' s" s'''* ; le changement de preſſion qui en réſulte, doit changer le niveau de la liqueur dans tous les tubes ; mais ſi l'appareil perd air de quelque part, la liqueur ſe remet bientôt à ſon niveau ; elle reſte au contraire conſtamment, ſoit au-deſſus, ſoit au-deſſous, ſi l'appareil eſt bien fermé.

On ne doit pas oublier que c'eſt de la manière de luter, de la patience, de l'exactitude qu'on y apporte, que dépendent tous les ſuccès de la Chimie moderne : il n'eſt donc point d'opération qui demande plus de ſoins & d'attention.

Ce ſeroit un grand ſervice à rendre aux Chimiſtes & ſur-tout aux Chimiſtes pneumatiques, que de les mettre en état de ſe paſſer de luts, ou du moins d'en diminuer conſidérablement le nombre. J'avois d'abord penſé à faire conſtruire des appareils dont toutes les parties fuſſent bouchées à frottement, comme les flacons bouchés en criſtal ; mais l'exécution m'a préſenté d'aſſez grandes difficultés. Il m'a paru préférable de ſuppléer aux luts par le moyen de colonnes de mercure, de quelques lignes de hauteur. Je viens de faire exécuter dans cette vue un appareil dont je vais donner la defcription, & dont l'ufage me paroît pouvoir être utile & commode dans un grand nombre de circonflances.

Il confifle dans une bouteille A , *planche XII, fig. 12*, à double gouleau ; l'un intérieur *b c*, communique avec le dedans de la bouteille, l'autre extérieur *d e*, qui laiffe un intervalle entre lui & le précédent, & qui forme tout autour une profonde rigole *d b, c e*, deftinée à recevoir du mercure. C'eft dans cette rigole qu'entre & s'ajufle le couvercle de verre B. Il a par le bas des échancrures pour le paffage des tubes de verre deftinés au dégagement des gaz. Ces tubes, au lieu de plonger directement dans la bouteille A , comme dans les appareils ordinaires, fe contournent auparavant, comme on le voit *fig. 13*, pour s'enfoncer dans la rigole, & pour paffer par-deffous les échancrures du couvercle B : ils remontent enfuite pour entrer dans la bouteille, en paffant par - deffus les bords du gouleau intérieur.

Il eft aifé de voir que, lorfque les tubes ont été mis en place, que le couvercle B a été folidement affujetti, & que la rigole *d b, c e* a été remplie de mercure , la bouteille fe trouve ermée & ne communique plus à l'extérieur que par les tubes.

Un appareil de cette espèce sera très-commode dans un grand nombre d'expériences ; mais on ne pourra le mettre en usage que dans la distillation des matières qui n'ont point d'action sur le mercure.

M. Séguin, dont les secours actifs & intelligens m'ont été si souvent utiles, a même déjà commandé dans les verreries des cornues jointes hermétiquement à des récipiens ; en sorte qu'il seroit possible de parvenir à n'avoir plus aucun lut. On voit, *planche XII*, *fig. 14*, un appareil monté d'après les principes que je viens d'exposer.

# CHAPITRE VII.

*Des opérations relatives à la combustion proprement dite & à la détonation.*

LA combustion n'est autre chose, d'après ce qui a été exposé dans la première Partie de cet Ouvrage, que la décomposition du gaz oxygène opérée par un corps combustible. L'oxygène qui forme la base de ce gaz est absorbé, le calorique & la lumière deviennent libres & se dégagent. Toute combustion entraîne donc avec elle l'idée d'oxygénation, tandis qu'au contraire l'oxygénation n'entraîne pas essentiellement l'idée de combustion, puisque la combustion proprement dite ne peut avoir lieu sans un dégagement de lumière & de calorique. Il faut, pour que la combustion s'opère, que la base du gaz oxygène ait plus d'affinité avec le corps combustible, qu'elle n'en a avec le calorique : or cette attraction élective, pour me servir de l'expression de Bergman, n'a lieu qu'à un certain degré de température, qui même est différent pour chaque substance combustible ; de-là la nécessité de donner le premier mouvement à la combustion par l'approche d'un corps chaud. Cette nécessité d'échauffer le corps qu'on se propose de brûler, tient à des considérations qui n'ont encore fixé l'attention d'aucun Physicien, & auxquelles je demande la permission de m'arrêter quelques instans ; on verra qu'elles ne s'éloignent pas de mon sujet.

L'état actuel où nous voyons la nature est un état d'équilibre auquel elle n'a pu arriver qu'après que toutes les combustions spontanées possibles au degré de chaleur dans lequel nous vivons, toutes les oxygénations possibles ont eu lieu. Il ne peut donc y avoir de nouvelles combustions ou oxygénations, qu'autant qu'on sort de cet état d'équilibre & qu'on transporte les substances combustibles dans une température plus élevée. Eclaircissons par un exemple ce que cet énoncé peut présenter d'abstrait. Supposons que la température habituelle de la terre changeât d'une très-petite quantité, & qu'elle devînt seulement égale à celle de l'eau bouillante : il est évident que le phosphore étant combustible beaucoup au-dessous de ce degré, cette substance n'existeroit plus dans la nature dans son état de pureté & de simplicité, elle se présenteroit toujours dans l'état d'acide, c'est-à-dire oxygénée, & son radical seroit au nombre des substances inconnues. Il en seroit successivement de même de tous les corps combustibles, si la température de la terre devenoit de plus en plus élevée ; & on arriveroit enfin à un point où toutes les combustions possibles seroient épuisées, où il ne pourroit plus exister de corps combustibles, où tous seroient oxygénés & par conséquent incombustibles.

Revenons donc à dire qu'il ne peut y avoir pour nous de corps combustibles, que ceux qui sont incombustibles au degré de température dans lequel nous vivons ; ou ce qui veut dire la même chose en d'autres termes, qu'il est de l'essence de tout corps combustible de ne pouvoir jouir de la propriété combustible, qu'autant qu'on l'échauffe & qu'on le transporte au degré de chaleur où s'opère sa combustion. Ce degré une fois atteint, la combustion commence, & le calorique qui se dégage par l'effet de la décomposition du gaz oxygène, entretient le degré de température nécessaire pour la continuer. Lorsqu'il en est autrement, c'est-à-dire, lorsque le calorique fourni par la décomposition du gaz oxygène n'est pas suffisant pour que le degré de chaleur nécessaire à la combustion se continue, elle cesse : c'est ce qu'on exprime lorsqu'on dit que le corps brûle mal, qu'il est difficilement combustible.

Quoique la combustion ait quelque chose de commun avec la distillation, sur-tout avec la distillation composée, elle en diffère cependant

en un point effentiel. Il y a bien dans la diftillation féparation d'une partie des principes du
corps que l'on y foumet, & combinaifon de ces
mêmes principes dans un autre ordre, déterminé
par les affinités qui ont lieu à la température à
laquelle s'eft opérée la diftillation ; mais il y a
plus dans la combuftion, il y a addition d'un
nouveau principe, l'oxygène, & diffipation d'un
autre principe, le calorique.

C'eft cette néceffité d'employer l'oxygène
dans l'état de gaz & d'en déterminer rigoureufement les quantités, qui rend fi embarraffantes
les expériences relatives à la combuftion. Une
autre difficulté inféparable de ces opérations,
tient à ce que les produits qu'elles fourniffent
fe dégagent prefque toujours dans l'état de gaz :
fi donc il eft difficile de retenir & de raffembler les produits de la diftillation, il l'eft bien
davantage de recueillir ceux de la combuftion ;
auffi aucun des anciens Chimiftes n'en a-t-il eu
la prétention, & cè genre d'expérience appar-
tient-il abfolument à la Chimie moderne.

Après avoir rappelé d'une manière générale
le but qu'on doit fe propofer dans les différentes expériences relatives à la combuftion, je
paffe à la defcription des différens appareils que
j'ai imaginés dans cette vue. Je n'adopterai dans
les articles qui compoferont ce Chapitre, au-

cune divifion relative à la nature des combuftibles ; je les clafferai relativement à la nature
des appareils qui conviennent à leur combuftion.

### §. I.

*De la Combuftion du Phofphore & du Charbon.*

J'ai déjà décrit, page 57 du Tome premier,
les appareils que j'ai employés pour la combuftion du charbon & du phofphore. Cependant, comme j'avois alors plutôt en vue de
donner une idée du réfultat de ces combuftions , que d'enfeigner le détail des procédés
néceffaires pour les obtenir , je ne me fuis peut-
être pas affez étendu fur la munipulation relative à ce genre d'expériences.

On commence , pour opérer la combuftion
du phofphore ou du charbon , par remplir de
gaz oxygène dans l'appareil pneumato-chimique
à l'eau , *pl. V , fig. 1* , une cloche de fix pintes
au moins de capacité. Lorfqu'elle eft pleine à
rafe & que le gaz commence à dégorger par-
deffous , on tranfporte cette cloche **A** fur l'appareil au mercure , *planche IV , fig. 3* , à l'aide
d'un vaiffeau de verre ou de fayance très-plat ,
qu'on paffe par-deffous. Cette opération faite ,
on sèche bien avec du papier gris la furface du

mercure ,

mercure, tant dans l'intérieur qu'à l'extérieur de la cloche. Cette opération demande quelques précautions : si on n'avoit pas l'attention de plonger le papier gris pendant quelque tems entièrement sous le mercure avant de l'introduire sous la cloche, on y feroit passer de l'air commun qui s'attache avec beaucoup de ténacité au papier.

On a d'un autre côté une petite capsule D, de fer ou de porcelaine plate & évasée, sur laquelle on place le corps qu'on veut brûler, après en avoir très-exactement déterminé le poids à la balance d'essai ; on recouvre ensuite cette capsule d'une autre un peu plus grande P, qui fait à son égard l'office de la cloche du plongeur, & on fait passer le tout à travers le mercure : après quoi on retire à travers le mercure la capsule P qui ne servoit en quelque façon que de couvercle. On peut éviter l'embarras & la difficulté de faire passer les matières à travers le mercure, en soulevant un des côtés de la cloche pendant un instant presqu'indivisible, & en introduisant ainsi, par le passage qu'on s'est ménagé, la capsule avec le corps combustible. Il se mêle dans cette seconde manière d'opérer un peu d'air commun avec le gaz oxygène ; mais ce mélange qui est peu considérable, ne nuit ni au succès, ni à l'exactitude de l'expérience.

Lorſque la capſule D, *planche IV*, *fig. 3*, eſt introduite ſous la cloche, on ſuce une partie du gaz oxygène qu'elle contient pour élever le mercure juſqu'en E F. Sans cette précaution, dès que le corps combuſtible ſeroit allumé, la chaleur dilateroit l'air; elle en feroit paſſer une portion par-deſſous la cloche, & on ne pourroit plus faire aucun calcul exact ſur les quantités. On ſe ſert, pour ſucer l'air, d'un ſiphon GHI, qu'on paſſe par-deſſous la cloche; & pour qu'il ne s'empliſſe pas de mercure, on tortille à ſon extrêmité I un petit morceau de papier.

Il y a un art pour élever ainſi en ſuçant une colonne de mercure à une hauteur de pluſieurs pouces au-deſſus de ſon niveau; ſi on ſe contentoit d'aſpirer l'air avec le poumon, on n'atteindroit qu'à une très-médiocre élévation, par exemple, d'un pouce ou d'un pouce & demi tout au plus; encore n'y parviendroit-on qu'avec de grands efforts; tandis que par l'action des muſcles de la bouche on peut élever ſans ſe fatiguer, ou au moins ſans riſquer de s'incommoder, le mercure juſqu'à ſix à ſept pouces. Un moyen plus commode encore eſt de ſe ſervir d'une petite pompe que l'on adapte au ſiphon GHI: on élève alors le mercure à telle hauteur qu'on le juge à propos, pourvu qu'elle n'excède pas 28 pouces.

Si le corps combustible est fort inflammable, comme le phosphore, on l'allume avec un fer recourbé M N, *planche IV, fig. 16*, qu'on fait rougir au feu, & qu'on passe brusquement sous la cloche ; dès qu'il est en contact avec le phosphore, ce dernier s'allume. Pour les corps moins combustibles, tels que le fer, quelques autres métaux, le charbon, &c. on se sert d'un petit fragment d'amadoue sur lequel on place un atôme de phosphore : on allume également ce dernier avec un fer rouge recourbé ; l'inflammation se communique à l'amadoue, puis au corps combustible.

Dans le premier instant de la combustion, l'air se dilate & le mercure descend ; mais lorsqu'il n'y a point de fluide élastique formé, comme dans la combustion du fer & du phosphore, l'absorption devient bientôt sensible, & le mercure remonte très-haut dans la cloche. Il faut en conséquence avoir attention de ne point brûler une trop grande quantité du corps combustible dans une quantité donnée d'air ; autrement la capsule, vers la fin de la combustion, s'approcheroit trop du dôme de la cloche, & la grande chaleur pourroit en occasionner la fracture.

J'ai indiqué, Chapitre II, §. V & VI, les opérations relatives à la mesure du volume des gaz,

les corrections qu'il faut faire à ce volume, relativement à la hauteur du baromètre & au
degré du thermomètre; je n'ajouterai rien de
plus à cet égard, l'exemple fur-tout que j'ai
cité, page 59, étant précifément tiré de la
combuftion du phofphore.

Le procédé que je viens de décrire peut être
employé avec fuccès pour la combuftion de
toutes les fubftances concrètes, & même pour
celle des huiles fixes. On brûle ces dernières
dans des lampes, & on les allume avec affez
de facilité fous la cloche, par le moyen du
phofphore, de l'amadoue & d'un fer chaud;
mais ce moyen n'eft pas fans dangers pour les
fubftances qui font fufceptibles de fe vaporifer
à un degré de chaleur médiocre, telles que l'é-
ther, l'efprit-de-vin, les huiles effentielles. Ces
fubftances volatiles fe diffolvent en affez grande
quantité dans le gaz oxygène; quand on allume, il fe fait une détonation fubite qui enlève
la cloche à une grande hauteur & qui la brife
en éclats. J'ai éprouvé deux de ces détonations,
dont des membres de l'Académie ont penfé,
ainfi que moi, être les victimes. Cette manière
d'opérer a d'ailleurs un grand inconvénient:
elle fuffit bien pour déterminer avec quelque
exactitude la quantité de gaz oxygène abforbé,
& celle d'acide carbonique qui s'eft formé; mais

ces produits ne font pas les feuls qui réfultent de la combuftion : il fe forme de l'eau toutes les fois qu'on opère fur des matières végétales ou animales, parce qu'elles contiennent toutes de l'hydrogène en excès ; or l'appareil que je viens de décrire, ne permet ni de la raffembler, ni d'en déterminer la quantité. Enfin, même pour l'acide phofphorique, l'expérience eft in-complette, puifqu'il n'eft pas poffible de démon-trer dans cette manière d'opérer, que le poids de l'acide eft égal à la fomme du poids du phofphore & de celui du gaz oxygène abforbé. Je me fuis donc trouvé obligé de varier, fui-vant les cas, les appareils relatifs à la combuf-tion, & d'en employer plufieurs de différentes efpèces, dont je vais donner fucceffivement une idée : je commence par celui deftiné à la com-buftion du phofphore.

On prend un grand ballon de verre blanc ou de criftal A, *pl. IV*, *fig. 4*, dont l'ouver-ture EF doit avoir deux pouces & demi à trois pouces de diamètre. Cette ouverture fe recou-vre avec une plaque de cuivre jaune ou laiton ufée à l'émeri, & qui eft percée de deux trous, pour le paffage des tuyaux *xxx*, *yyy*.

Avant de fermer le ballon avec fa plaque, on introduit dans fon intérieur un fupport BC furmonté d'une capfule D de porcelaine, fur laquelle on place le phofphore. On lute enfuite la plaque de cuivre au ballon en EF avec du lut gras qu'on recouvre avec des bandes de linge imbibées de blanc d'œuf & faupoudrées de chaux. On laiffe fécher pendant plufieurs jours, puis on pèfe le tout avec une bonne balance. Ces préparatifs achevés, on adapte une pompe pneumatique au tuyau *xxx*, & on fait le vuide dans le ballon : après quoi on introduit du gaz oxygène par le tuyau *yyy*, au moyen du gazomètre repréfenté *planche VIII, figure 1*, & dont j'ai donné la defcription, Chapitre II, §. II. On allume enfuite le phofphore avec un verre ardent, & on le laiffe brûler jufqu'à ce que le nuage d'acide phofphorique concret qui fe forme arrête la combuftion. Alors on délute & on pèfe le ballon. Le poids, déduction faite de la tarre, donne celui de l'acide phofphorique qu'il contient. Il eft bon, pour plus d'exactitude, d'examiner l'air ou le gaz contenu dans le ballon après la combuftion, parce qu'il peut être plus ou moins pefant que l'air ordinaire, & qu'il faut tenir compte dans les calculs relatifs à l'expérience, de cette différence de pefanteur.

Les mêmes motifs qui m'ont engagé à conftruire un appareil particulier pour la combuftion du phofphore, m'ont déterminé de prendre le même parti à l'égard du charbon. Cet appareil confiste en un petit fourneau conique fait en cuivre battu, repréfenté en perfpective, *planche XII*, *figure 9*, & vu intérieurement, *figure 11*. On y diftingue le fourneau proprement dit A B C, où doit fe faire la combuftion du charbon, la grille *de*, & le cendrier F. Au milieu du fourneau eft un tuyau G H, par lequel on introduit le charbon & qui fert en même tems de cheminée pour évacuer l'air qui a fervi à la combuftion.

C'eft par le tuyau *l m n*, qui communique avec le gazomètre, qu'eft amené l'air qui eft deftiné à entretenir la combuftion; cet air fe répand dans la capacité du cendrier F, & la preffion qui lui eft communiquée par le gazomètre, l'oblige à paffer par la grille *de*, & à fouffler les charbons qui font pofés immédiatement deffus.

Le gaz oxygène qui entre pour les $\frac{28}{100}$ dans la compofition de l'air de l'atmofphère, fe convertit, comme l'on fait, en gaz acide carbonique dans la combuftion du charbon. Le gaz azote au contraire ne change point d'état; il doit donc refter, après la combuftion, un mélange de gaz azote & de gaz acide carbonique. Pour donner iffue à ce mélange, on a adapté à la cheminée G H un tuyau *op* qui s'y viffe enG , de manière à ne laiſſer échapper aucune portion d'air. Le mélange des deux gaz eſt conduit par ce tuyau à des bouteilles remplies de potaſſe en liqueur & bien dépouillée d'acide carbonique, à travers laquelle il bouillonne. Le gaz acide carbonique eſt abſorbé par la potaſſe, & il ne reſte que du gaz azote qu'on reçoit dans un ſecond gazomètre pour en déterminer la quantité.

Une des difficultés que préſente l'uſage de cet appareil, eſt d'allumer le charbon & de commencer la combuſtion : voici le moyen d'y parvenir. Avant d'emplir de charbon le fourneau A B C, on en détermine le poids avec une bonne balance & de manière à être ſûr de ne point commettre une erreur de plus d'un ou deux grains; on introduit enſuite dans la cheminée G H le tuyau R S, *figure 10*, dont le poids doit également avoir été bien déterminé. Ce tuyau eſt creux & ouvert par les deux bouts: ſon extrêmité S doit deſcendre juſqu'au fond du fourneau; elle doit porter ſur la grille *de* & l'occuper toute entière. Ce n'eſt qu'après que le tuyau R S a été ainſi placé, qu'on introduit le charbon dans le fourneau. On le pèſe alors de nouveau, pour connoître la quantité de charbon qui y a été introduite. Ces opérations préliminaires achevées, on met en place le fourneau, on viſſe le tuyau *l m n*, *figure 9*, avec celui qui communique avec le gazomètre; on viſſe le tuyau *o p* avec celui qui conduit aux bouteilles remplies de potaſſe : enfin au moment où l'on veut commencer la combuſtion, on ouvre le robinet du gazomètre, & on jette un petit charbon allumé par l'extrêmité R du tuyau R S; ce charbon tombe ſur la grille où le courant d'air le maintient allumé. Alors on retire promptement le tuyau R S; on viſſe à la cheminée le tuyau *o p* deſtiné à évacuer l'air, & on continue la combuſtion. Pour être aſſuré qu'elle eſt vraiment commencée & que l'opération a réuſſi, on a ménagé un tuyau *q r s* garni à ſon extrêmité *s* d'un verre maſtiqué, à travers lequel on peut voir ſi le charbon eſt allumé. J'oubliois d'obſerver que ce fourneau & ſes dépendances ſont plongés dans une eſpèce de baquet allongé TVXY, *fig. 11*, qui eſt rempli d'eau & même de glace, afin de diminuer autant que l'on veut, la chaleur de la combuſtion. Cette chaleur au ſurplus n'eſt jamais très-vive, parce qu'il ne peut y avoir de combuſtion qu'en proportion de l'air qui eſt fourni par le gazomètre, & qu'il n'y a d'ailleurs de charbon qui brûle que celui qui porte immédiatement ſur la grille. A meſure qu'une molécule de charbon eſt conſommée, il en retombe une autre en vertu de l'inclinaifon des parois du fourneau ; elle fe préfente au courant d'air qui traverfe la grille *de*, & elle brûle comme la première.

Quant à l'air qui a fervi à la combuftion, il traverfe la maffe de charbon qui n'a pas encore brûlé & la preffion exercée par le gazomètre l'oblige de s'échapper par le tuyau *op*, & de traverfer les bouteilles remplies d'alkali.

On voit que dans cette expérience on a toutes les données néceffaires pour obtenir une analyfe complette de l'air atmofphérique & du charbon. En effet, on connoît le poids du charbon ; on a par le moyen du gazomètre la mefure de la quantité d'air employée à la combuftion ; on peut déterminer la qualité & la quantité de celui qui refte après la combuftion ; on a le poids de la cendre qui s'eft raffemblée dans le cendrier : enfin l'augmentation de poids des bouteilles qui contiennent la potaffe en liqueur, donne la quantité d'acide carbonique qui s'eft formé. On peut également connoître avec beaucoup de précifion, par cette opération, la proportion de carbone & d'oxygène dont cet acide eft compofé.

Je rendrai compte dans les Mémoires de l'Académie, de la fuite d'expériences que j'ai entreprifes avec cet appareil fur tous les charbons végétaux & animaux. Il n'eft pas difficile de voir qu'avec très-peu de changemens on peut en faire une machine propre à obferver les principaux phénomènes de la refpiration.

## §. I I.

### De la Combuſtion des Huiles.

Le charbon, au moins quand il eſt pur, étant une fubſtance fimple, l'appareil deſtiné à le brûler ne pouvoit pas être très-compliqué. Tout fe réduifoit à lui fournir le gaz oxygène néceſſaire à fa combuſtion, & à féparer enfuite d'avec le gaz azote le gaz acide carbonique qui s'étoit formé. Les huiles font plus compoſées que le charbon, puifqu'elles réfultent de la combinaiſon au moins de deux principes, le carbone & l'hydrogène; il reſte en conféquence, après qu'on les a brûlées dans l'air commun, de l'eau, du gaz acide carbonique & du gaz azote. L'appareil qu'on emploie pour ce genre d'expériences, doit avoir pour objet de féparer & de recueillir ces trois efpèces de produit.

Je me fers, pour brûler les huiles, d'un grand bocal A repréfenté *planche XII, fig. 4*, & de fon couvercle, *figure 5*. Ce bocal eſt garni d'une virole de fer BCDE, qui s'applique exactement fur le bocal en DE, & qui y eſt folidement maſtiquée. Cette virole prend un plus grand diamètre en BC, & laisse entr'elle & les parois du bocal un intervalle ou rigole *x x x x*, qu'on remplit de mercure ; le couvercle repréfenté *fig. 5*, a de fon côté en *f g* une virole de fer qui s'ajufte dans la rigole *x x x x* du bocal, & qui plonge dans le mercure. Le bocal A peut par ce moyen fe fermer en un inftant hermétiquement & fans lut ; & comme la rigole peut contenir une hauteur de mercure de deux pouces, on voit qu'on peut faire éprouver à l'air contenu dans le bocal une preffion de plus de deux pieds d'eau, fans rifquer qu'elle furmonte la réfiftance du mercure.

Le couvercle, *fig. 5*, eft percé de quatre trous deftinés au paffage d'un égal nombre de tuyaux. L'ouverture T eft d'abord garnie d'une boëte à cuir à travers laquelle doit paffer la tige repréfentée *fig. 3*. Cette tige eft deftinée à remonter ou à defcendre la mêche de la lampe, comme je l'expliquerai ci-après ; les trois autres trous *h, i, k*, font deftinés, favoir, le premier au paffage du tuyau qui doit amener l'huile, le fecond au paffage du tuyau qui doit amener l'air à la lampe pour entretenir la combuftion, le troifième au paffage du tuyau qui doit donner iffue à ce même air lorfqu'il a fervi à la combuftion.

La lampe deftinée à brûler l'huile dans le

bocal, est représentée séparément, *fig.* 2 de la même *planche* ; on y voit le réservoir à huile *a* avec une espèce d'entonnoir par lequel on le remplit ; le siphon *b c d e f g h*, qui fournit l'huile à la lampe ; le tuyau 7, 8, 9, 10, qui amène l'air du gazomètre à la même lampe.

Le tuyau *b c* est taraudé extérieurement dans sa partie inférieure *b*, & se visse dans un écrou contenu dans le couvercle du réservoir A; par ce moyen, en tournant le réservoir, on peut le faire monter ou descendre & amener l'huile à la lampe, au niveau où on le juge à propos.

Quand on veut remplir le siphon & établir la communication entre l'huile du réservoir *a* & celle de la lampe 11, on ferme d'abord le robinet *c*, on ouvre celui *e*, & on verse de l'huile par l'ouverture *f*, qui est au haut du siphon. Dès qu'on voit paroître l'huile dans la lampe 11 à un niveau convenable, c'est-à-dire à trois ou quatre lignes des bords, on ferme le robinet *k*; on continue à verser de l'huile par l'ouverture *e*, pour remplir la branche *bcd*. Quand elle est remplie, on ferme le robinet *f*, & alors les deux branches du siphon étant pleines d'huile sans interruption, la communication du réservoir à la lampe est établie.

La *figure* I, *même planche XII*, représente

la coupe de la lampe groſſie pour rendre les détails plus frappans & plus ſenſibles. On y voit le tuyau *i k*, qui apporte l'huile ; *a a a a*, la capacité qu'occupe la mêche ; 9 & 10, le tuyau qui apporte l'air à la lampe : cet air ſe répand dans la capacité *d d d d d*, puis il ſe diſtribue par le canal *c c c c* & par celui *b b b b*, en-dedans & en-dehors de la mêche, à la manière des lampes d'Argand , Quinquet & Lange.

Pour faire mieux connoître l'enſemble de cet appareil, & pour que ſa deſcription même rende plus facile l'intelligence de tous les autres de même genre, je l'ai repréſenté tout entier en perſpective, *planche XI.* On y voit le gazomètre P qui fournit l'air ; l'ajutage 1 & 2 par lequel il ſort, & qui eſt garni d'un robinet 1 ; 2 & 3, un tuyau qui communique de ce premier gazomètre à un ſecond, que l'on emplit pendant que le premier ſe vuide, afin que l'émiſſion de l'air ſe faſſe ſans interruption pendant tout le tems que doit durer l'opération ; 4 & 5, un tube de verre garni d'un ſel déliqueſcent en morceaux médiocrement gros, afin que l'air, en ſe diſtribuant dans les interſtices, y dépoſe une grande partie de l'eau qu'il tenoit en diſſolution. Comme on connoît le poids du tube & celui du ſel déliqueſcent qu'il contient, il eſt toujours facile de connoître la quantité d'eau qu'il a abſorbée.

Du tube 4 & 5 que je nommerai tube déli-queſcent, l'air eſt conduit à la lampe 11 par le tube 5, 6, 7, 8, 9, 10. Là il ſe diviſe; une partie vient alimenter la flamme par-dehors, l'autre par-dedans, à la manière des lampes d'Argand, Quinquet & Lange. Cet air, dont une partie a ainſi ſervi à la combuſtion de l'huile, forme avec elle en l'oxygénant du gaz acide carbonique & de l'eau. Une partie de cette eau ſe condenſe ſur les parois du bocal A, une autre partie eſt tenue en diſſolution dans l'air par la chaleur de la combuſtion : mais cet air qui eſt pouſſé par la preſſion qu'il reçoit du gazomètre, eſt obligé de paſſer par le tuyau 12, 13, 14 & 15, d'où il eſt conduit dans la bouteille 16 & dans le ſerpentin 17 & 18, où l'eau achève de ſe condenſer à meſure que l'air ſe refroidit. Enfin ſi quelque peu d'eau reſtoit encore en diſſolution dans l'air, elle ſeroit abſorbée par le ſel déliqueſcent contenu dans le tube 19 & 20.

Toutes les précautions qu'on vient d'indiquer n'ont d'autre objet que de recueillir l'eau qui s'eſt formée, & d'en déterminer la quantité : il reſte enſuite à évaluer l'acide carbonique & le gaz azote. On y parvient au moyen des bouteilles 22 & 25, qui font à moitié remplies de potaffe en liqueur & dépouillée d'acide carbonique par la chaux. L'air qui a fervi à la combuftion, y eft conduit par les tuyaux, 20, 21, 23 & 24, & il y dépofe le gaz acide carbonique qu'il contient. On n'a repréfenté dans cette figure, pour la fimplifier, que deux bouteilles remplies de potaffe en liqueur ; mais il en faut beaucoup davantage, & je ne crois pas qu'on puiffe en employer moins de neuf. Il eft bon de mettre dans la dernière de l'eau de chaux, qui eft le réactif le plus sûr & le plus fenfible pour reconnoître l'acide carbonique : fi elle ne fe trouble pas, on peut être affuré qu'il ne refte pas de gaz acide carbonique dans l'air, du moins en quantité fenfible.

Il ne faut pas croire que l'air qui a fervi à la combuftion, lorfqu'il a traverfé les neuf bouteilles, ne contienne plus que du gaz azote ; il eft encore mêlé d'une affez grande quantité de gaz oxygène qui a échappé à la combuftion. On fait paffer ce mêlange à travers un fel déliquefcent contenu dans le tube de verre 28 & 29, afin de le dépouiller des portions d'eau qu'il auroit pu diffoudre en traverfant les bouteilles de potaffe & d'eau de chaux. Enfin on conduit le réfidu d'air à un gazomètre par le tuyau 29 & 30 : on en détermine la
quantité ;

quantité ; on en prend des échantillons qu'on
effaye par le fulfure de potaffe, afin de favoir
la proportion de gaz oxygène & de gaz azote
qu'il contient.

On fait que dans la combuftion des huiles,
la mêche fe charbonne au bout d'un certain
tems, & qu'elle s'obftrue. Il y a d'ailleurs une
longueur déterminée de mêche qu'il faut atteindre, mais qu'il ne faut pas outre paffer, fans
quoi il monte par les tuyaux capillaires de la
mêche plus d'huile que le courant d'air n'en
peut confommer, & la lampe fume. Il étoit
donc néceffaire qu'on pût allonger ou raccourcir
la mêche de dehors & fans ouvrir l'appareil :
c'eft à quoi on eft parvenu, au moyen de la
tige 31, 32, 33 & 34, qui paffe à travers une
boëte à cuir & qui répond au porte-mêche.
On a donné à cette tige un mouvement très-
doux, au moyen d'un pignon qui engraine
dans une crémaillère. On voit cette tige & fes
acceffoires repréfentés féparément, *pl. XII*,
*fig. 3.*

Il m'a femblé encore qu'en enveloppant la
flamme de la lampe avec un petit bocal de verre
ouvert par les deux bouts, la combuftion en
alloit mieux. Ce bocal eft en place dans la
*planche XI*.

Je n'entrerai pas dans de plus grands détails

*Tome II.*                                    M

fur la conftruction de cet appareil, qui eft fufceptible d'être changé & modifié de différentes
manières. Je me contenterai d'ajouter que, lorfqu'on veut opérer, on commence par pefer la
lampe avec fon réfervoir & l'huile qu'elle contient ; qu'on la met en place; qu'on l'allume ;
qu'après avoir donné de l'air en ouvrant le robinet du gazomètre, on place le bocal A; qu'on
l'affujettit au moyen d'une petite planche B C,
fur laquelle il repofe, & de deux tiges de fer
qui la traverfent & qui fe viffent au couvercle.
Il y a de cette manière un peu d'huile brûlée
pendant qu'on ajufte le bocal au couvercle &
l'on en perd le produit ; il y a également une
petite portion d'air qui s'échappe du gazomètre
& qu'on ne peut recueillir; mais ces quantités
font peu confidérables dans des expériences en
grand ; elles font d'ailleurs fufceptibles d'être
évaluées.

Je rendrai compte dans les Mémoires de l'A-
cadémie, des difficultés particulières attachées
à ce genre d'expérience, & des moyens de les
lever. Ces difficultés font telles, qu'il ne m'a pas
encore été poffible d'obtenir des réfultats rigoureufement exacts pour les quantités. J'ai bien la
preuve que les huiles fixes fe réfolvent entièrement en eau & en gaz acide carbonique, qu'elles
font compofées d'hydrogène & de carbone,

mais je n'ai rien d'abfolument certain fur les proportions.

## §. I I I.

*De la Combuftion de l'Efprit-de-vin ou Alkool.*

La combuftion de l'alkool peut à la rigueur fe faire dans l'appareil qui a été décrit ci-deffus pour la combuftion du charbon & pour celle du phofphore. On place fous une cloche A, *planche IV, fig. 3*, une lampe remplie d'alkool; on attache à la mêche un atôme de phofphore, & on allume avec au fer recourbé qu'on paffe par-deffous la cloche : mais cette manière d'opérer eft fufceptible de beaucoup d'inconvéniens. Il feroit d'abord imprudent d'employer du gaz oxygène, par la crainte de la détonation : on n'eft pas même entièrement exempt de ce rifque, lorfqu'on emploie de l'air atmofphérique, & j'en ai fait, en préfence de quelques membres de l'Académie, une preuve qui a penfé leur devenir funefte ainfi qu'à moi. Au lieu de préparer l'expérience comme j'étois dans l'habitude de le faire, au moment même où je devois opérer, je l'avois difpofée dès la veille. L'air atmofphérique contenu dans la cloche, avoit eû en conféquence le tems de diffoudre de l'alkool : la vaporifation de l'alkool avoit même été favorifée par la hauteur de la colonne de mercure que j'avois élevée en E F, *planche IV*, *fig. 3*. En conféquence, au moment où je voulus allumer le petit morceau de phofphore & la lampe avec le fer rouge, il fe fit une détonation violente qui enleva la cloche & qui la brifa en mille pièces contre le plancher du laboratoire. Il réfulte de l'impoffibilité où l'on eft d'opérer dans du gaz oxygène, qu'on ne peut brûler par ce moyen que de très-petites quantités d'alkool, de 10 à 12 grains par exemple, & les erreurs qu'on peut commettre fur d'auffi petites quantités, ne permettent de prendre aucune confiance dans les réfultats. J'ai effayé dans les expériences dont j'ai rendu compte à l'Académie (*Voy. Mém. Acad. année* 1784, *page 593*) de prolonger la durée de la combuftion, en allumant la lampe d'alkool dans l'air ordinaire, & en refourniffant enfuite du gaz oxygène fous la cloche à mefure qu'il s'en étoit confommé ; mais le gaz acide carbonique qui fe forme met obftacle à la combuftion, d'autant plus que l'alkool eft peu combuftible & qu'il brûle difficilement dans de l'air moins bon que l'air commun ; on ne peut donc encore brûler de cette manière que de très-petites quantités d'alkool.

Peut-être cette combuftion réuffiroit-elle

dans l'appareil repréſenté *planche XI* ; mais je n'ai pas oſé l'y tenter. Le bocal A où ſe fait la combuſtion, a environ 1400 pouces cubiques de capacité ; & s'il ſe faiſoit une détonation dans un auſſi grand vaiſſeau, elle auroit des ſuites terribles dont il ſeroit difficile de ſe garantir. Je ne renonce pas cependant à la tenter.

C'eſt par une ſuite de ces difficultés que je me ſuis borné juſqu'ici à des expériences très en petit ſur l'alkool, ou bien à des combuſtions faites dans des vaiſſeaux ouverts, comme dans l'appareil repréſenté *pl. IX, fig. 5*, dont je donnerai la deſcription dans le §. 5 de ce Chapitre.

Je reprendrai dans d'autres tems la ſuite de ce travail, ſi du moins je puis parvenir à lever les obſtacles qu'il m'a préſentés juſqu'ici.

## §. IV.

### *De la Combuſtion de l'Ether.*

La combuſtion de l'éther en vaiſſeaux clos, ne comporte pas préciſément les mêmes difficultés que celle de l'alkool ; mais elle en préſente d'un autre genre qui ne ſont pas moins difficiles à vaincre, & qui m'arrêtent encore dans ce moment.

J'avois cru pouvoir profiter, pour opérer

cette combuftion, de la propriété qu'a l'éther de fe diffoudre dans l'air de l'atmofphère, & de le rendre inflammable fans détonation. J'ai fait conftruire, d'après cette idée, un réfervoir à éther *a b c d*, *pl. XII*, *fig. 8*, auquel l'air du gazomètre eft amené par un tuyau 1, 2, 3, 4. Cet air fe répand d'abord dans un double fond pratiqué à la partie fupérieure *a c* du réfervoir. Là il fe diftribue par fept tuyaux defcendans *e f*, *g h*, *i k*, *&c.* & la preffion qu'il reçoit de la part du gazomètre, l'oblige de bouillonner à travers l'éther contenu dans le vafe *a b c d*.

On peut, à mefure que l'éther eft ainfi diffous & emporté par l'air, en rendre au réfervoir *a b c d*, au moyen d'un réfervoir fupplémentaire E, porté par un tuyau de cuivre *o p*, de 15 à 18 pouces de haut, & qui fe ferme au moyen d'un robinet. J'ai été obligé de donner une affez grande hauteur à ce tuyau, afin que l'éther qui eft contenu dans le flacon E puiffe vaincre la réfiftance occafionnée par la preffion exercée par le gazomètre.

L'air ainfi chargé de vapeurs d'éther eft repris par le tuyau 5, 6, 7, 8, 9, & conduit dans le bocal A où il s'échappe par un ajutoir très-fin à l'extrémité duquel on l'allume. Ce même air, après avoir fervi à la combuftion, paffe par la bouteille 16, *planche XI*, par le ferpentin 17 & 18 , & par le tube déliquefcent où il dépofe l'eau dont il s'étoit chargé ; le gaz acide carbonique eft enfuite abforbé par l'alkali contenu dans les bouteilles 22 & 25.

Je fuppofois , lorfque j'ai fait conftruire cet appareil , que la combinaifon d'air atmofphérique & d'éther qui s'opère dans le réfervoir *a b c d , planc. XII , figure 8* , étoit dans la jufte proportion qui convient à la combuftion , & c'eft en quoi j'étois dans l'erreur : il y a un excès d'éther très-confidérable , & il faut en conféquence une nouvelle combinaifon d'air atmofphérique pour opérer la combuftion totale. Il en réfulte qu'une lampe conftruite de cette manière brûle dans l'air ordinaire qui fournit la quantité d'oxygène manquante pour la combuftion ; mais qu'elle ne peut brûler dans des vaiffeaux où l'air ne fe renouvelle pas. Auffi la lampe s'éteignoit-elle peu de tems après qu'elle étoit enfermée dans le bocal A , *planche XII , figure 8.* Pour remédier à cet inconvénient , j'ai effayé d'amener à cette lampe de l'air atmofphérique par un tuyau latéral 9 , 10 , 11 , 12 , 13 , 14 & 15 ; & je l'ai diftribué circulairement autour de la mèche : mais quelque léger que fût le courant d'air, la flamme étoit fi mobile , elle tenoit fi peu à la mèche , qu'il fuffifoit pour la fouffler ; en forte que je n'ai point encore pu réuffir à la combuftion de l'éther. Je ne défefpère cependant pas d'y parvenir, au moyen de quelques changemens que je fais faire à cet appareil.

### §. V.

*De la Combuftion du Gaz hydrogène & de la Formation de l'Eau.*

La formation de l'eau a cela de particulier, que les deux fubftances qui y concourent, l'oxygène & l'hydrogène, font l'une & l'autre dans l'état aériforme avant la combuftion, & que l'une & l'autre fe transforment par le réfultat de cette opération, en une fubftance liquide qui eft l'eau.

Cette combuftion feroit donc fort fimple & n'exigeroit pas des appareils fort compliqués, s'il étoit poffible de fe procurer des gaz oxygène & hydrogène parfaitement purs & qui fuffent combuftibles fans refte. On pourroit alors opérer dans de très-petits vaiffeaux; & en y refourniffant continuellement les deux gaz dans la proportion convenable, on continueroit indéfiniment la combuftion. Mais jufqu'ici les Chimiftes n'ont encore employé que du gaz oxygène mélangé de gaz azote. Il en a réfulté qu'ils n'ont pu entretenir que pendant un tems limité & très-court la combuftion du gaz hydrogène dans des vaisseaux clos : & en effet, le résidu de gaz azote augmentant continuellement, la flamme s'affoiblit & elle finit par s'éteindre. Cet inconvénient est d'autant plus grand, que le gaz oxygène qu'on emploie est moins pur : il faut alors, ou cesser la combustion & se résoudre à n'opérer que sur de petites quantités, ou refaire le vuide pour se débarrasser du gaz azote : mais dans ce dernier cas on vaporise une portion de l'eau qui s'est formée, & il en résulte une erreur d'autant plus dangereuse, qu'on n'a pas de moyen sûr de l'apprécier.

Ces réflexions me font desirer de pouvoir répéter un jour les principales expériences de la Chimie pneumatique avec du gaz oxygène absolument exempt de mélange de gaz azote, & le sel muriatique oxygéné de potasse en fournit les moyens. Le gaz oxygène qu'on en retire ne paroît contenir de l'azote qu'accidentellement ; en sorte qu'avec des précautions on pourra l'obtenir parfaitement pur. En attendant que j'aye pu reprendre cette suite d'expériences, voici l'appareil que nous avons employé, M. Meusnier & moi, pour la combustion du gaz hydrogène. Il n'y aura rien à y changer, lorsqu'on aura pu se procurer des gaz purs, si ce n'est qu'on pourra diminuer la capacité du vase où se fait la combustion.

J'ai pris un matras ou ballon à large ouverture A , *pl. IV , fig. 5*, & j'y ai adapté une
platine B C , à laquelle étoit soudée une douille
creufe de cuivre *g* F D , fermée par le haut &
à laquelle venoient aboutir trois tuyaux. **Le**
premier *d* D *d'* fe terminoit en *d'* par une ouverture très-petite & à peine capable de laiffer
paffer une aiguille fine ; il communiquoit **avec**
le gazomètre repréfenté *pl. VIII , fig. 1* , lequel
étoit rempli de gaz hydrogène. Le tuyau oppo-
fé *g g* communiquoit avec un autre gazomètre
tout femblable , qui étoit rempli de gaz oxygène : un troisième tuyau H *h* s'adaptoit à une
machine pneumatique , pour qu'on pût faire le
vuide dans le ballon A; enfin la platine BC étoit
en outre percée d'un trou garni d'un tube de
verre à travers lequel paffoit un fil de métal
*g* L , à l'extrêmité duquel étoit adaptée une petite boule L de cuivre , afin qu'on pût tirer une
étincelle électrique de L en *d'* & allumer ainfi
le gaz hydrogène amené par le tuyau *d* D*d'*.

Pour que les deux gaz arrivaffent auffi fecs
qu'il étoit poffible , on avoit rempli deux tubes
M M , N N , d'un pouce & demi de diamètre
environ , & d'un pied de longueur , avec de
la potaffe concrète bien dépouillée d'acide
carbonique & concaffée en morceaux affez
gros pour que les gaz puffent paffer librement

entre les interstices. J'ai éprouvé depuis que du nitrate ou du muriate de chaux bien secs & en poudre grossière, étoient préférables à la potasse, & qu'ils enlevoient plus d'eau à une quantité donnée d'air.

Pour opérer avec cet appareil, on commence par faire le vuide dans le ballon A , au moyen de la pompe pneumatique adaptée au tuyau FH*h*; après quoi on y introduit du gaz oxygène, en tournant le robinet *r* du tube *gg*. Le degré du limbe du gazomètre observé avant & après l'introduction du gaz, indique la quantité qui en est entrée dans le ballon. On ouvre ensuite le robinet *s* du tube *d* D *d'* afin de faire arriver le gaz hydrogène ; & aussitôt, soit avec une machine électrique, soit avec une bouteille de Leyde, on fait passer une étincelle de la boule L à l'extrémité *d'* du tube par lequel se fait l'écoulement du gaz hydrogène, & il s'allume aussitôt. Il faut, pour que la combustion ne soit ni trop lente ni trop rapide, que le gaz hydrogène arrive avec une pression d'un pouce & demi à deux pouces d'eau, & que le gaz oxygène n'arrive au contraire qu'avec trois lignes au plus de pression.

La combustion ainsi commencée, elle se continue ; mais en s'affoiblissant à mesure que la quantité de gaz azote qui reste de la combustion

des deux gaz augmente. Il arrive enfin un moment où la portion de gaz azote devient telle,
que la combustion ne peut plus avoir lieu, &
alors la flamme s'éteint. Il faut faire en sorte de
prévenir cette extinction spontanée ; parce qu'au
moyen de ce qu'il y a pression plus forte dans
le réservoir de gaz hydrogène que dans celui
de gaz oxygène, il se feroit un mélange des
deux dans le ballon, & que ce mélange passeroit ensuite dans le réservoir de gaz oxygène.
Il faut donc arrêter la combustion en fermant
le robinet du tuyau $dDd'$, dès qu'on s'apperçoit que la flamme s'affoiblit à un certain point,
& avoir une grande attention pour ne point se
laisser surprendre.

A une première combustion ainsi faite on
peut en faire succéder une seconde, une troisième, &c. On refait alors le vuide comme la
première fois ; on remplit le ballon de gaz
oxygène, on ouvre le robinet du tuyau par lequel s'introduit le gaz hydrogène, & on allume
par l'étincelle électrique.

Pendant toutes ces opérations, l'eau qui se
forme, se condense sur les parois du ballon &
ruisselle de toutes parts : elle se rassemble au
fond, & il est aisé d'en déterminer le poids
quand on connoît celui du ballon. Nous rendrons compte un jour, M. Meusnier & moi,

des détails de l'expérience que nous avons faite avec cet appareil, dans les mois de janvier & de février 1785, en préfence d'une grande partie des membres de l'Académie. Nous avons tellement multiplié les précautions, que nous avons lieu de la croire exacte. D'après le réfultat que nous avons obtenu, 100 parties d'eau en poids font compofées de 85 d'oxygène & de 15 d'hydrogène.

Il eft encore un autre appareil pour la combuftion, avec lequel on ne peut pas faire des expériences aufi exactes qu'avec les précédens, mais qui préfente un réfultat très-frappant & très-propre à être préfenté dans un cours de Phyfique & de Chimie. Il confifte dans un ferpentin E F, *planche IX, figure 5*, renfermé dans un feau de métal A B C D. A la partie fupérieure E du tuyau de ce ferpentin, on adapte une cheminée G H compofée d'un double tuyau; favoir, de la continuation du ferpentin & d'un tuyau de fer-blanc qui l'environne. Ces deux tuyaux laiffent entr'eux un intervalle d'un pouce environ, qu'on remplit avec du fable.

A l'extrêmité inférieure du tuyau intérieur K, s'adapte un tube de verre, & au-deffous une lampe à efprit-de-vin L M, à la Quinquet.

Les chofes ainfi préparées, & la quantité d'alkool contenue dans la lampe ayant été bien déterminée , on allume. L'eau qui se forme pendant la combustion de l'alkool, s'élève par le tube K E ; elle se condense dans le serpentin contenu dans le seau A B C D, & va ressortir en état d'eau par l'extrêmité F du tube où elle est reçue dans une bouteille P.

La double enveloppe G H est destinée à empêcher que le tube ne se refroidisse dans sa partie montante, & que l'eau ne s'y condense. Elle redescendroit le long du tube, sans qu'on pût en déterminer la quantité ; il pourroit d'ailleurs en retomber sur la mêche des gouttes, qui ne manqueroient pas de l'éteindre. L'objet de cet appareil est donc d'entretenir toujours chaude toute la partie G H que j'appelle la cheminée, & toujours froide au contraire la partie qui forme le serpentin proprement dit ; en sorte que l'eau soit toujours dans l'état de vapeurs dans la partie montante, & qu'elle se condense sitôt qu'elle est engagée dans la partie descendante. Cet appareil a été imaginé par M. Meusnier : j'en ai donné la description dans les Mémoires de l'Académie, année 1784, page 593 & 594. On peut, en opérant avec précaution, c'est-à-dire en entretenant l'eau qui environne le serpentin, toujours froide, retirer près de 17 onces d'eau de la combustion de 16 onces d'esprit-de-vin ou alkool.

## §.  V I.

### *De l'Oxidation des Métaux.*

On défigne principalement par le nom de calcination ou oxidation, une opération dans laquelle les métaux expofés à un certain degré de chaleur fe convertiffent en oxides, en abforbant l'oxygène de l'air. Cette combinaifon fe fait en raifon de ce que l'oxygène a plus d'affinité, du moins à un certain degré de température, avec les métaux, qu'il n'en a avec le calorique. En conféquence le calorique devient libre & fe dégage : mais comme l'opération, lorfqu'elle fe fait dans l'air commun, eft fucceffive & lente, le dégagement du calorique eft peu fenfible. Il n'en eft pas de même, lorfque la calcination s'opère dans le gaz oxygène ; elle fe fait alors d'une manière beaucoup plus rapide, elle eft fouvent accompagnée de chaleur & de lumière ; en forte qu'on ne peut douter que les fubftances métalliques ne foient de véritables corps combuftibles.

Les métaux n'ont pas tous le même degré d'affinité pour l'oxygène. L'or & l'argent, par exemple, & même le platine ne peuvent l'enlever au calorique, à quelque degré de chaleur que ce foit. Quant aux autres métaux, ils s'en chargent d'une quantité plus ou moins grande, &, en général, ils en abforbent jufqu'à ce que ce principe foit en équilibre entre la force du calorique qui le retient, & celle du métal qui l'attire. Cet équilibre eft une loi générale de la nature dans toutes les combinaifons.

Dans les opérations de docimafie & dans toutes celles relatives aux arts, on accélère l'oxidation du métal en donnant un libre accès à l'air extérieur. Quelquefois même on y joint l'action d'un foufflet dont le courant eft dirigé fur la furface du métal. L'opération eft encore plus rapide, fi on fouffle du gaz oxygène; ce qui eft très-facile à l'aide du gazomètre dont j'ai donné la defcription. (*Voyez* page 24.) Alors le métal brûle avec flamme, & l'oxidation eft terminée en quelques inftans : mais on ne peut employer ce dernier moyen que pour des expériences très en petit, à caufe de la cherté du gaz oxygène.

Dans l'effai des mines & en général dans toutes les opérations courantes des laboratoires, on eft dans l'ufage de calciner ou oxider les métaux fur un plat ou foucoupe de terre cuite, *pl. IV*, *fig. 6*, qu'on place fur un bon fourneau : on nomme ces plats ou foucoupes *téts à rôtir*. De tems en tems on remue la matière qu'on veut calciner, afin de renouveler les furfaces.

Toutes

Toutes les fois qu'on opère fur une fubftance métallique qui n'eft pas volatile, & qu'il ne fe diffipe rien pendant l'opération, il y a augmentation de poids du métal. Mais des expériences faites ainfi en plein air, n'auroient jamais conduit à reconnoître la caufe de l'augmentation du poids des métaux pendant leur oxidation. Ce n'eft que du moment où l'on a commencé à opérer dans des vaiffeaux fermés & dans des quantités déterminées d'air, qu'on a été véritablement fur la voie de la découverte des caufes de ce phénomène. Un premier moyen qu'on doit à M. Prieftley, confifte à expofer le métal qu'on fe propofe de calciner, fur une capfule N de porcelaine, *planc. IV, fig. 11*, placée fur un fupport un peu élevé IK; à le recouvrir avec une cloche de criftal A plongée dans un baffin plein d'eau BCDE, & à élever l'eau jufqu'en GH, en fuçant l'air de la cloche avec un fiphon qu'on paffe par-deffous : on fait enfuite tomber fur le métal le foyer d'un verre ardent. En quelques minutes l'oxidation s'opère : une partie de l'oxygène contenu dans l'air fe combine avec le métal ; il y a une diminution proportionnée dans le volume de l'air, & ce qui refte n'eft plus que du gaz azote, encore mêlé cependant d'une petite quantité de gaz oxygène. J'ai expofé le détail des expériences que j'ai faites avec cet appareil dans mes Opuscules physiques & chimiques, imprimées en 1773, pages 283, 284, 285 & 286. On peut substituer le mercure à l'eau, & l'expérience n'en est que plus concluante.

Un autre procédé dont j'ai exposé le résultat dans les Mémoires de l'Académie, année 1774, page 351, & dont la première idée appartient à Boyle, consiste à introduire le métal sur lequel on veut opérer dans une cornue A, *pl. III, fig.* 20, dont on tire à la lampe l'extrêmité du col, & qu'on ferme hermétiquement en C. On oxide ensuite le métal, en tenant la cornue sur un feu de charbon, & en la chauffant avec précaution. Le poids du vaisseau & des matières qu'il contient, ne change pas tant qu'on n'a pas rompu l'extrêmité C du bec de la cornue; mais sitôt qu'on procure à l'air extérieur une issue pour rentrer, il le fait avec sifflement.

Cette opération ne seroit pas sans quelque danger, si on scelloit hermétiquement la cornue sans avoir fait sortir auparavant une portion de l'air qu'elle contenoit; la dilatation occasionnée par la chaleur pourroit faire éclater le vaisseau, avec risque pour ceux qui le tiendroient ou qui seroient dans le voisinage. Pour prévenir ce danger, on doit faire chauffer la cornue avant de la sceller à la lampe & en faire sortir une portion d'air qu'on reçoit fous une cloche dans l'appareil pneumato-chimique, afin de pouvoir en déterminer la quantité.

Je n'ai point multiplié, autant que je l'aurois defiré, ces oxidations, & je n'ai obtenu de réfultats fatisfaifans qu'avec l'étain : le plomb ne m'a pas bien réuffi. Il feroit à fouhaiter que quelqu'un voulût bien reprendre ce travail & tenter l'oxidation dans différens gaz : il feroit, je crois, bien dédommagé des peines attachées à ce genre d'expériences.

Tous les oxides de mercure étant fufceptibles de fe revivifier fans addition, & de reftituer dans fon état de pureté l'oxygène qu'ils ont abforbé, aucun métal n'étoit plus propre à devenir le fujet d'expériences très-concluantes fur la calcination & l'oxidation des métaux. J'avois d'abord tenté, pour opérer l'oxidation du mercure dans les vaiffeaux fermés, de remplir une cornue de gaz oxygène, d'y introduire une petite portion de mercure & d'adapter à fon col une veffie à moitié remplie de gaz oxygène, comme on le voit repréfenté *planche IV*, *fig. 12.* Je faifois enfuite chauffer le mercure de la cornue ; & en continuant très-long tems l'opération, j'étois parvenu à en oxider une petite portion, & à former de l'oxide rouge qui nagéoit à la furface : mais la quantité de mercure que je fuis parvenu à oxider de cette manière, étoit fi petite, que la moindre erreur commife dans la détermination des quantités de gaz oxygène avant & après l'oxidation, auroit jetté la plus grande incertitude fur mes réfultats. J'étois toujours inquiet d'ailleurs, & non fans de juftes raifons, qu'il ne fe fût échappé de l'air à travers des pores de la veffie, d'autant plus qu'elle fe racornit pendant l'opération par la chaleur du fourneau dans lequel on opère, à moins qu'on ne la recouvre de linges entretenus toujours humides.

On opère d'une manière plus sûre avec l'appareil repréfenté *planc. IV, figure* 2. (*Voyez* Mém. Acad. année 1775, page 580.) Il confifte en une cornue **A**, au bec de laquelle on foude à la lampe d'émailleur un tuyau de verre recourbé **B C D E**, de 10 à 12 lignes de diamètre, qui s'engage fous une cloche **F G** contenue & retournée dans un baffin plein d'eau ou de mercure. Cette cornue eft foutenue fur les barres d'un fourneau **M M N N** : on peut auffi fe fervir d'un bain de fable. On parvient avec cet appareil à oxider en plufieurs jours un peu de mercure dans l'air ordinaire, & à obtenir un peu d'oxide rouge qui nage à la furface : on peut même le raffembler, le revivifier & comparer les quantités de gaz obtenu avec l'abforp-

*t*ion qui a eu lieu pendant la calcination ; ( *voyez* tome I, page 35, les détails que j'ai donnés fur cette expérience ) mais ce genre d'opérations ne pouvant fe faire que très en petit, il refte toujours de l'incertitude fur les quantités.

La combuftion du fer dans le gaz oxygène étant une véritable oxidation, je dois en faire mention ici. L'appareil qu'emploie M. Ingen-Houfz pour cette opération, eft repréfenté *pl. IV* , *fig. 17*. J'en ai déjà donné la defcription, tom. I, pag. 41, & je ne puis qu'y renvoyer.

On peut auffi brûler & oxider du fer fous des cloches de verre remplies de gaz oxygène, de la même manière qu'on brûle du phofphore ou du charbon. On fe fert également pour cette opération de l'appareil repréfenté *pl. IV* , *fig. 3*, & dont j'ai donné la defcription, tome I, p. 61. Il faut dans cette expérience, comme dans la combuftion, attacher à l'une des extrêmités du fil de fer, ou des copeaux de fer qu'on fe propofe de brûler, un petit morceau d'amadoue & un atôme de phofphore : le fer chaud qu'on paffe fous la cloche allume le phofphore ; celui-ci allume l'amadoue, & l'inflammation fe communique au fer. M. Ingen-Houfz nous a appris qu'on pouvoit brûler ou oxider de la même manière tous les métaux, à l'exception de l'or , de l'argent & du mercure. Il ne s'agit que de fe procurer ces métaux en fils très-fins ou en feuilles minces coupées par bandes ; on les tortille avec du fil de fer ; & ce dernier métal communique aux autres la propriété de s'enflammer & de s'oxider.

Nous venons de voir comment on parvenoit à oxider de très-petites quantités de mercure dans les vaiffeaux fermés & dans des volumes d'air limités : ce n'eft de même qu'avec beaucoup de peine qu'on parvient à oxider ce métal, même à l'air libre. On fe fert ordinairement dans les laboratoires pour cette opération d'un matras, A, *planche IV*, *fig. 10*, à cul trèsplat, qui a un col B C très-allongé & terminé par une très-petite ouverture : ce vaiffeau porte le nom d'*enfer de Boyle*. On y introduit affez de mercure pour couvrir fon fond, & on le place fur un bain de fable qu'on entretient à un degré de chaleur fort approchant du mercure bouillant. En continuant ainfi pendant plufieurs mois, avec cinq ou fix de ces matras, & en renouvelant de tems en tems le mercure, on parvient à obtenir quelques onces de cet oxide.

Cet appareil a un grand inconvénient, c'eft que l'air ne s'y renouvelle pas affez ; mais, d'un autre côté, fi on donnoit à l'air extérieur une circulation trop libre, il emporteroit avec lui du mercure en diſſolution, & au bout de quelques jours on n'en retrouveroit plus dans le vaiſſeau. Comme de toutes les expériences que l'on peut faire ſur l'oxidation des métaux, celles ſur le mercure ſont les plus concluantes, il ſeroit à ſouhaiter qu'on pût imaginer un appareil ſimple au moyen duquel on pût démontrer cette oxidation & les réſultats qu'on en obtient dans les cours publics. On y parviendroit, ce me ſemble, par des moyens analogues à ceux que j'ai décrits pour la combuſtion des huiles ou du charbon; mais je n'ai pu reprendre encore ce genre d'expériences.

L'oxide de mercure ſe revivifie, comme je l'ai dit, ſans addition; il ſuffit de le faire chauffer à un degré de chaleur légèrement rouge. L'oxygène à ce degré a plus d'affinité avec le calorique qu'avec le mercure, & il ſe forme du gaz oxygène; mais ce gaz eſt toujours mêlé d'un peu de gaz azote, ce qui indique que le mercure en abſorbe une petite portion pendant ſon oxidation. Il contient auſſi preſque toujours un peu de gaz acide carbonique; ce qu'on doit ſans doute attribuer aux ordures qui s'y mêlent, qui ſe charbonent & qui convertiſſent enſuite une portion de gaz oxygène en gaz acide carbonique.

Si les Chimiſtes étoient réduits à tirer de

l'oxide de mercure fait par voie de calcination, tout le gaz oxygène qu'ils emploient dans leurs expériences, le prix excessif de cette préparation rendroit absolument impraticables les expériences un peu en grand. Mais on peut également oxygéner le mercure par l'acide nitrique, & on obtient un oxide rouge plus pur que celui même qui a été fait par voie de calcination. On le trouve tout préparé dans le commerce & à un prix modéré : il faut choisir de préférence celui qui est en morceaux solides & formé de lames douces au toucher & qui tiennent ensemble. Cèlui qui est en poudre est quelquefois mélangé d'oxide rouge de plomb : il ne paroît pas que celui en morceaux solides soit susceptible de la même altération. J'ai quelquefois essayé de préparer moi-même cet oxide par l'acide nitrique : la dissolution du métal faite, j'évaporois jusqu'à siccité, & je calcinois le sel, ou dans des cornues, ou dans des capsules faites avec des fragmens de matras coupés par la méthode que j'ai indiquée; mais jamais je n'ai pu parvenir à l'avoir aussi beau que celui du commerce. On le tire, je crois, de Hollande.

Pour obtenir le gaz oxygène de l'oxide de mercure, j'ai coutume de me servir d'une cornue de porcelaine à laquelle j'adapte un long tube de verre qui s'engage fous des cloches dans l'appareil pneumato-chimique à l'eau. Je place au bout du tube un vafe plongé dans l'eau, dans lequel fe raffemble le mercure à mefure qu'il fe revivifie. Le gaz oxygène ne commence à paffer que quand la cornue devient rouge. C'eft un principe général que M. Berthollet a bien établi, qu'une chaleur obfcure ne fuffit pas pour former du gaz oxygène ; il faut de la lumière : ce qui femble prouver que la lumière eft un de fes principes conftituans. On doit dans la révivification de l'oxide rouge de mercure rejetter les premières portions de gaz qu'on obtient, parce qu'elles font mêlées d'air commun en raifon de celui contenu dans le vuide des vaiffeaux : mais avec cette précaution même, on ne parvient pas à obtenir du gaz oxygène parfaitement pur ; il contient communément un dixième de gaz azote, & prefque toujours une très-petite portion de gaz acide carbonique. On fe débarraffe de ce dernier, au moyen d'une liqueur alkaline cauftique à travers laquelle on fait paffer le gaz qu'on a obtenu. A l'égard du gaz azote, on ne connoît aucun moyen de l'en féparer ; mais on peut en connoître la quantité, en laiffant le gaz oxygène pendant une quinzaine de jours en contaƈt avec du fulfure de foude ou de potaffe.

Le gaz oxygène eſt abſorbé ; il forme de l'acide ſulfurique avec le ſoufre, & il ne reſte que le gaz azote ſeul.

Il y a beaucoup d'autres moyens de ſe procurer du gaz oxygène : on peut le tirer de l'oxide noir de manganèſe ou du nitrate de potaſſe par une chaleur rouge, & l'appareil qu'on emploie eſt à peu près le même que celui que j'ai décrit pour l'oxide rouge de mercure. Il faut ſeulement un degré de chaleur plus fort & au moins égal à celui qui eſt ſuſceptible de ramollir le verre : on ne peut en conſéquence employer que des cornues de grès où de porcelaine. Mais le meilleur de tous, c'eſt-à-dire le plus pur, eſt celui qu'on dégage du muriate oxygéné de potaſſe par la ſimple chaleur. Cette opération peut ſe faire dans une cornue de verre, & le gaz qu'on obtient eſt abſolument pur, pourvû toutefois que l'on rejette les premières portions qui ſont mélées d'air des vaiſſeaux.

## §. V I I.

### De la Détonation.

J'ai fait voir, tom. I, Chap. IX, page 103 & ſuiv. que l'oxygène en ſe combinant dans les différens corps, ne ſe dépouilloit pas toujours de tout le calorique qui le conſtituoit dans l'état

de gaz; qu'il entroit, par exemple, avec presque tout son calorique dans la combinaison qui
forme l'acide nitrique & dans celle qui forme
l'acide muriatique oxygéné; en forte que l'oxygène dans le nitre & fur-tout dans le muriate
oxygéné, étoit jufqu'à un certain point dans
l'état de gaz oxygène condenfé & réduit au
plus petit volume qu'il puiffe occuper.

Le calorique dans ces combinaifons exerce
un effort continuel fur l'oxygène, pour le ramener à l'état de gaz : l'oxygène en conféquence
y tient peu; la moindre force fuffit pour lui
rendre la liberté, & il reparoît fouvent dans
un inftant prefque indivifible dans l'état de gaz.
C'eft ce paffage brufque de l'état concret à l'état
aériforme qu'on a nommé détonation, parce
qu'en effet il eft ordinairement accompagné de
bruit & de fracas. Le plus communément ces
détonations s'opèrent par la combinaifon du
charbon, foit avec le nitre, foit avec le muriate oxygéné. Quelquefois pour faciliter encòre
l'inflammation, on y ajoute du foufre, & c'eft
ce mêlange fait dans de juftes proportions &
avec des manipulations convenables, qui conftitue la poudre à canon.

L'oxygène par la détonation avec le charbon
change de nature, & il fe convertit en acide
carbonique. Ce n'eft donc pas du gaz oxygène

qui fe dégage, mais du gaz acide carbonique, du moins quand le mélange a été fait dans de juftes proportions. Il fe dégage en outre du gaz azote dans la détonation du nitre, parce que l'azote eft un des principes conftituans de l'acide nitrique.

Mais l'expanfion fubite & inftantanée de ces gaz ne fuffit pas pour expliquer tous les phénomènes relatifs à la détonation. Si cette caufe y influoit feule, la poudre feroit d'autant plus forte que la quantité de gaz dégagé dans un tems donné feroit plus confidérable; ce qui ne s'accorde pas toujours avec l'expérience. J'ai eu occafion d'éprouver des efpèces de poudre à tirer qui produifoient un effet prefque double de la poudre ordinaire, quoiqu'elles donnaffent un fixième de gaz de moins par la détonation. Il y a apparence que la quantité de calorique qui fe dégage au moment de la détonation, contribue beaucoup à en augmenter l'effet, & on peut en concevoir plufieurs raifons. Premièrement, quoique le calorique pénètre affez librement à travers les pores de tous les corps, il ne peut cependant y paffer que fucceffivement & en un tems donné : lors donc que la quantité qui fe dégage à la fois eft trop confidérable, & qu'elle eft beaucoup plus grande que celle qui peut fe débiter, s'il eft permis de fe fervir de cette expreffion, par les pores des corps, il doit agir à la manière des fluides élaftiques ordinaires & renverfer tout ce qui s'oppofe à fon paffage. Une partie de cet effet doit avoir lieu, lorfqu'on allume de la poudre dans un canon : quoique le métal qui le compofe foit perméable pour le calorique, la quantité qui s'en dégage à la fois eft tellement grande, qu'elle ne trouve pas une iffue affez prompte à travers les pores du métal ; elle fait donc un effort en tous fens, & c'eft cet effort qui eft employé à chaffer le boulet.

Secondement, le calorique produit néceffairement un fecond effet qui dépend également de la force répulfive que fes molécules paroiffent exercer les unes fur les autres : il dilate les gaz qui fe dégagent au moment de l'inflammation de la poudre, & cette dilatation eft d'autant plus grande que la température eft plus élevée.

Troifièmement, il eft poffible qu'il y ait décompofition de l'eau dans l'inflammation de la poudre, & qu'elle fourniffe de l'oxygène au charbon pour former de l'acide carbonique. Si les chofes fe paffent ainfi, il doit fe dégager rapidement, au moment de la détonation de la poudre, une grande quantité de gaz hydrogène qui fe débande & qui contribue à augmenter la force de l'explofion. On fentira com-

bien cette circonstance doit contribuer à augmenter l'effet de la poudre, si l'on considère
que le gaz hydrogène ne pèse qu'un grain deux
tiers par pinte ; qu'il n'en faut par conséquent
qu'une très-petite quantité en poids pour occuper un très-grand espace, & qu'il doit exercer
une force expansive prodigieuse, quand il passe
de l'état liquide à l'état aériforme.

Quatrièmement enfin une portion d'eau non
décomposée doit se réduire en vapeurs dans
l'inflammation de la poudre, & l'on sait que
dans l'état de gaz elle occupe un volume 17 à
18 cens fois plus grand que lorsqu'elle est dans
l'état liquide.

J'ai déjà fait une assez grande suite d'expériences sur la nature des fluides élastiques qui
se dégagent de la détonation du nitre avec le
charbon & avec le soufre ; j'en ai fait aussi
quelques-unes avec le muriate oxygéné de potasse. C'est un moyen qui conduit à des connoissances assez précises sur les parties consti-
tuantes de ces sels, & j'ai déjà donné, Tome
XI du receuil des Mémoires présentés à l'Académie par des savans étrangers, page 625,
quelques résultats principaux de mes expériences
& des conséquences auxquelles elles m'ont conduit relativement à l'analyse de l'acide nitrique.
Maintenant que je me suis procuré des appareils

plus commodes, je me prépare à répéter les mêmes expériences un peu plus en grand, & j'obtiendrai plus de précifion dans les réfultats : en attendant, je vais rendre compte des procédés que j'ai adoptés & employés jufqu'à préfent. Je recommande avec bien de l'inflance à ceux qui voudront répéter quelques-unes de ces expériences, d'y apporter une extrême prudence ; de fe méfier de tout mêlange où il entre du falpêtre, du charbon & du foufre, & plus encore de ceux dans lefquels il entre du fel muriatique oxygéné de potaffe combiné & mêlangé avec ces deux matières.

Je me fuis prémuni de canons de piftolets de fix pouces de longueur environ & de cinq à fix lignes de diamètre. J'en ai bouché la lumière avec une pointe de clou frappée à force, caffée dans le trou même, & fur laquelle j'ai fait couler un peu de foudure blanche de ferblantier, afin qu'il ne reflât aucune iffue à l'air par cette ouverture. On charge ces canons avec une pâte médiocrement humedée, faite avec des quantités bien connues de falpêtre & de charbons réduits en poudre impalpable, ou de tout autre mêlange fufceptible de détoner. A chaque portion de matière qu'on introduit dans le canon, on doit bourer avec un bâton qui foit du même calibre, à peu près comme on charge les fufées. La matière ne doit pas emplir le piſtolet tout-à-fait juſqu'à ſa bouche; il eſt bon qu'il reſte quatre ou cinq lignes de vuide à l'extrêmité : alors on ajoute un bout de 2 pouces de long environ de mêche nommée *étoupille*. La ſeule difficulté de ce genre d'expériences, ſur-tout ſi l'on ajoute du ſoufre au mêlange, eſt de ſaiſir le point d'humectation convenable : ſi la matière eſt trop humide, elle n'eſt point ſuſceptible de s'allumer; ſi elle eſt trop sèche, la détonation eſt trop vive & peut devenir dangereuſe.

Quand on n'a pas pour objet de faire une expérience rigoureuſement exacte, on allume la mêche, & quand elle eſt près de communiquer l'inflammation à la matière, on plonge le piſtolet ſous une grande cloche d'eau dans l'appareil pneumato-chimique. La détonation commencée, elle ſe continue ſous l'eau, & le gaz ſe dégage avec plus ou moins de rapidité, ſuivant que la matière eſt plus ou moins sèche. Il faut, tant que la détonation dure, tenir le bout du piſtolet incliné, afin que l'eau ne rentre pas dans l'intérieur. J'ai quelquefois recueilli ainſi le gaz produit par la détonation d'une once & demie ou de deux onces de nitre.

Il n'eſt pas poſſible, dans cette manière d'opérer, de connoître la quantité de gaz acide
carbonique

carbonique qui se dégage, parce qu'une partie
est absorbée par l'eau à mesure qu'il la traverse ;
mais l'acide carbonique une fois absorbé, il
reste le gaz azote ; & si on a la précaution de
l'agiter pendant quelques minutes dans de la
potasse caustique en liqueur, on l'obtient pur :
& il est aisé d'en déterminer le volume & le
poids. Il est même possible d'arriver par cette
méthode à une connoissance assez précise de
la quantité de gaz acide carbonique, en répétant l'expérience un grand nombre de fois &
en faisant varier les doses du charbon, jusqu'à
ce qu'on soit arrivé à la juste proportion qui
fait détoner la totalité du nitre. Alors, d'après
le poids du charbon employé, on détermine
celui d'oxygène qui a été nécessaire pour le
saturer, & on en conclut la quantité d'oxygène
contenu dans une quantité donnée de nitre.

Il est au surplus un autre moyen que j'ai
pratiqué & qui conduit à des résultats plus sûrs ;
c'est de recevoir dans des cloches remplies de
mercure le gaz qui se dégage. Le bain de
mercure que j'ai maintenant, est assez grand
pour qu'on puisse y placer des cloches de douze
à quinze pintes de capacité. De pareilles cloches, comme l'on sent, ne sont pas très-
maniables quand elles sont remplies de mercure ; aussi faut-il employer pour les remplir

des moyens particuliers que je vais indiquer.
On place la cloche fur le bain de mercure;
on paffe par-deffous un fiphon de verre dont
on a adapté l'extrêmité extérieure à une petite pompe pneumatique : on fait jouer le pifton,
& on élève le mercure jufqu'au haut de la
cloche. Lorfqu'elle eft ainfi remplie, on y
fait paffer le gaz de la détonation de la
même manière que dans une cloche qui
feroit remplie d'eau. Mais, je le répète, ce
genre d'expériences exige les plus grandes précautions. J'ai vu quelquefois, quand le dégagement du gaz étoit trop rapide, des cloches
pleines de mercure pefant plus de 150 livres,
s'enlever par la force de l'explofion : le mercure jailliffoit au loin, & la cloche étoit brifée
en grand nombre d'éclats.

Lorfque l'expérience a réuffi & que le gaz
eft raffemblé fous la cloche, on en détermine
le volume comme je l'ai indiqué, pages 39
& 40. On y introduit enfuite un peu d'eau,
depuis la potaffe diffoute dans l'eau & dépouillée
d'acide carbonique, & on parvient à en faire
une analyfe rigoureufe, comme je l'ai enfei-
gné pages 43 & fuivantes.

Il me tarde d'avoir mis la dernière main
aux expériences que j'ai commencées fur les
détonations, parce qu'elles ont un rapport

immédiat avec les objets dont je suis chargé, & qu'elles jetteront, à ce que j'espère, quelques lumières sur les opérations relatives à la fabrication de la poudre.

# CHAPITRE VIII.

*Des Instrumens nécessaires pour opérer sur les corps à de très-hautes températures.*

## §. PREMIER.

### De la Fusion.

LORSQU'ON écarte les unes des autres, par le moyen de l'eau, les molécules d'un sel, cette opération, comme nous l'avons vu plus haut, se nomme *solution*. Ni le dissolvant, ni le corps tenu en dissolution ne sont décomposés dans cette opération ; aussi dès l'instant que la cause qui tenoit les molécules écartées cesse, elles se réunissent, & la substance saline reparoît telle qu'elle étoit avant la solution.

On opère aussi de véritables solutions par le feu, c'est-à-dire, en introduisant & en accumulant entre les molécules d'un corps une grande quantité de calorique. Cette solution des corps par le feu se nomme *fusion*.

Les fusions en général se font dans des vases que l'on nomme creusets, & l'une des premières conditions est qu'ils soient moins fusibles que la substance qu'ils doivent contenir. Les Chimistes de tous les âges ont en conséquence attaché une grande importance à se procurer des creusets de matières très-réfractaires, c'est-à-dire, qui eussent la propriété de résister à un très-grand degré de feu. Les meilleurs sont ceux qui sont faits avec de l'argile très-pure ou de la terre à porcelaine. On doit éviter d'employer pour cet usage les argiles mélangées de silice ou de terre calcaire, parce qu'elles sont trop fusibles. Toutes celles qu'on tire aux environs de Paris sont dans ce cas; aussi les creusets qu'on fabrique dans cette ville fondent-ils à une chaleur assez médiocre, & ne peuvent-ils servir que dans un très-petit nombre d'opérations chimiques. Ceux qui viennent de Hesse sont assez bons, mais on doit préférer ceux de terre de Limoges qui paroissent être absolument infusibles. Il existe en France un grand nombre d'argiles propres à faire des creusets; telle est celle, par exemple, dont on se sert pour les creusets de la glacerie de Saint-Gobin.

On donne aux creusets différentes formes, suivant les opérations auxquelles on se propose de les employer. On a représenté celles qui sont le plus usitées dans les *fig. 7 , 8 , 9 & 10* de la *planche VII.* Ceux représentés *figure 9* , qui

font prefque fermés par en haut, fe nomment
*tutes.*

Quoique la fufion puiffe fouvent avoir lieu
fans que le corps qui y eft foumis change de
nature & fe décompofe, cette opération eft
cependant auffi un des moyens de décompofition & de recompofition que la Chimie emploie. C'eft par la fufion qu'on extrait tous les
métaux de leurs mines, qu'on les revivifie,
qu'on les moule, qu'on les allie les uns aux
autres; c'eft par elle que l'on combine l'alkali
& le fable pour former du verre, que fe fabri-
quent les pierres colorées, les émaux, &c.

Les anciens Chimiftes employoient beaucoup plus fréquemment l'action d'un feu violent, que nous ne le faifons aujourd'hui. Depuis
qu'on a introduit plus de rigueur dans la manière de faire des expériences, on préfère la
voie humide à la voie sèche, & on n'a recours
à la fufion que lorfqu'on a épuifé tous les autres
moyens d'analyfe.

Pour appliquer aux corps l'action du feu, on
fe fert de fourneaux, & il me refte à décrire
ceux qu'on emploie pour les différentes opérations de la Chimie.

## §. II.

### *Des Fourneaux.*

Les fourneaux font les inftrumens dont on fait le plus d'ufage en Chimie : c'eft de leur bonne ou de leur mauvaife conftruction que dépend le fort d'un grand nombre d'opérations ; en forte qu'il eft d'une extrême importance de bien monter un laboratoire en ce genre. Un fourneau eft une efpèce de tour cylindrique creufe A B C D, quelquefois un peu évafée par le haut, *planche XIII, fig. 1.* Elle doit avoir au moins deux ouvertures latérales, une fupérieure F qui eft la porte du foyer, une inférieure G qui eft la porte du cendrier.

Dans l'intervalle de ces deux portes le fourneau eft partagé en deux par une grille placée horifontalement, qui forme une efpèce de diaphragme & qui eft deftinée à foutenir le charbon. On a indiqué la place de cette grille par la ligne H I. La capacité qui eft au-deffus de la grille, c'eft-à-dire au-deffus de la ligne H I, fe nomme foyer, parce qu'en effet c'eft dans cette partie que l'on entretient le feu ; la capacité qui eft au-deffous porte le nom de cendrier, par la raifon que c'eft dans cette partie que fe raffemblent les cendres à mefure qu'elles fe forment.

Le fourneau repréſenté *planche XIII, fig. 1*, eſt le moins compliqué de tous ceux dont on ſe ſert en Chimie, & il peut être employé cependant à un grand nombre d'uſages. On peut y placer des creuſets, y fondre du plomb, de l'étain, du biſmuth, & en général toutes les matières qui n'exigent pas pour être fondues, un degré de feu très-conſidérable. On peut y faire des calcinations métalliques, placer deſſus des baſſines, des vaiſſeaux évaporatoires, des capſules de fer pour former des bains de ſable, comme on le voit repréſenté *pl. III, fig. 1 & 2*. C'eſt pour le rendre applicable à ces différentes opérations, qu'on a ménagé dans le haut des échancrures *mmmm*; autrement la baſſine qu'on auroit poſée ſur le fourneau auroit intercepté tout paſſage à l'air, & le charbon ſe feroit éteint. Si ce fourneau ne produit qu'un degré de chaleur médiocre, c'eſt que la quantité de charbon qu'il peut conſommer eſt limitée par la quantité d'air qui peut paſſer par l'ouverture G du cendrier. On augmenteroit beaucoup ſon effet, en aggrandiſſant cette ouverture, mais le grand courant d'air qui conviendroit dans quelques expériences, auroit de l'inconvénient dans beaucoup d'autres, & c'eſt ce qui oblige de garnir un laboratoire de fourneaux de différentes formes & conſtruits ſous différens points de vue. Il en faut fur-tout plufieurs femblables à celui que je viens de décrire, & de différentes grandeurs.

Une autre efpèce de fourneau, peut-être encore plus néceffaire, eft le fourneau de réverbère repréfenté *planche XIII, figure 2*. Il eft compofé, comme le fourneau fimple, d'un cendrier HIKL dans fa partie inférieure, d'un foyer KLMN, d'un laboratoire MNOP, d'un dôme RSRS; enfin le dôme eft furmonté d'un tuyau TTVV, auquel on peut en ajouter plufieurs autres fuivant le genre des expériences.

C'eft dans la partie MNOP nommée le laboratoire, que fe place la cornue A qu'on a indiquée par une ligne ponctuée; elle y eft foutenue fur deux barres de fer qui traverfent le fourneau. Son col fort par une échancrure latérale faite partie dans la pièce qui forme le laboratoire, partie dans celle qui forme le dôme. A cette cornue s'adapte un récipient B.

Dans la plupart des fourneaux de réverbère qui fe trouvent tout faits chez les potiers de terre à Paris, les ouvertures tant inférieures que fupérieures font beaucoup trop petites; elles ne donnent point paffage à un volume d'air affez confidérable; & comme la quantité de charbon confommée, ou, ce qui revient au même, comme la quantité de calorique déga-

gée eſt à peu près proportionnelle à la quan‑
tité d'air qui paſſe par le fourneau, il en réſulte
que ces fourneaux ne produiſent pas tout l'effet
qu'on pourroit deſirer dans un grand nombre
d'opérations. Pour admettre d'abord par le bas
un volume d'air ſuffiſant, il faut, au lieu d'une
ouverture G au cendrier, en avoir deux GG :
on en condamne une lorſqu'on le juge à pro‑
pos, & alors on n'obtient plus qu'un degré de
feu modéré; on les ouvre au contraire l'une &
l'autre, quand on veut donner le plus grand
coup de feu que le fourneau puiſſe produire.

L'ouverture ſupérieure SS du dôme, ainſi
que celle des tuyaux VVXX, doit être auſſi
beaucoup plus grande qu'on n'a coutume de la
faire.

Il eſt important de ne point employer des
cornues trop groſſes relativement à la grandeur
du fourneau. Il faut qu'il y ait toujours un eſ‑
pace ſuffiſant pour le paſſage de l'air entre les
parois du fourneau & celles du vaiſſeau qui y
eſt contenu. La cornue A dans la *figure* 2 eſt
un peu trop petite pour ce fourneau, & je
trouve plus facile d'en avertir que de faire
rectifier la figure.

Le dôme a pour objet d'obliger la flamme
& la chaleur à environner de toutes parts la
cornue & de la réverbérer; c'eſt de-là qu'eſt

venu le nom de fourneau de réverbère. Sans cette réverbération de la chaleur, la cornue ne seroit échauffée que par son fond ; les vapeurs qui s'en élèveroient se condenseroient dans la partie supérieure, elles se recohoberoient continuellement sans passer dans le récipient : mais au moyen du dôme, la cornue se trouve échauffée de toutes parts ; les vapeurs ne peuvent donc se condenser que dans le col & dans le récipient, & elles sont forcées de sortir de la cornue.

Quelquefois, pour empêcher que le fond de la cornue ne soit échauffé ou refroidi trop brusquement, & pour éviter que ces alternatives de chaud & de froid n'en occasionnent la fracture, on place sur les barres une petite capsule de terre cuite dans laquelle on met un peu de sable, & on pose sur ce sable le fond de la cornue.

Dans beaucoup d'opérations on enduit les cornues de différens luts. Quelques-uns de ces luts n'ont pour objet que de les défendre des alternatives de chaud & de froid ; quelquefois ils ont pour objet de contenir le verre, ou plutôt de former une double cornue qui supplée à celle de verre dans les opérations où le degré de feu est assez fort pour le ramollir.

Le premier de ces luts se fait avec de la

terre à four à laquelle on joint un peu de bourre ou poil de vache : on fait une pâte de ces matières, & on l'étend fur les cornues de verre ou de grès. Si au lieu de terre à four qui eſt déjà mêlangée, on n'avoit que de l'argile ou de la glaiſe pure, il faudroit y ajouter du fable. A l'égard de la bourre, elle eſt utile pour mieux lier enfemble la terre : elle brûle à la première impreſſion du feu ; mais les interſtices qu'elle laiſſe empêchent que l'eau qui eſt contenue dans la terre, en ſe vaporiſant, ne rompe la continuité du lut & qu'il ne tombe en pouſſière.

Le ſecond lut eſt compoſé d'argile & de fragmens de poteries de grès groſſièrement pilés. On en fait une pâte aſſez ferme, qu'on étend ſur les cornues. Ce lut ſe defsèche & ſe durcit par le feu, & forme lui-même une véritable cornue ſupplémentaire, qui contient les matières quand la cornue de verre vient à ſe ramollir. Mais ce lut n'eſt d'aucune utilité dans les expériences où on a pour objet de recueillir les gaz, parce qu'il eſt toujours poreux & que les fluides aériformes paſſent au travers.

Dans un grand nombre d'opérations, & en général toutes les fois qu'on n'a pas befoin de donner aux corps qu'on traite un degré de chaleur très-violent, le fourneau de réverbère peut fervir de fourneau de fufion. On fupprime alors le laboratoire MNOP, & on établit à la place le dôme RSRS, comme on le voit repréfenté *planche XIII, fig. 3.*

Un fourneau de fufion très-commode eft celui repréfenté *figure 4.* Il eft compofé d'un foyer ABCD, d'un cendrier fans porte & d'un dôme ABGH. Il eft troué en E pour recevoir le bout d'un foufflet qu'on y lute folidement. Il doit être proportionnellement moins haut qu'il n'eft repréfenté dans la figure. Ce fourneau ne procure pas un degré de feu très-violent; mais il fuffit pour toutes les opérations courantes. Il a de plus l'avantage d'être tranfporté commodément, & de pouvoir être placé dans tel lieu du laboratoire qu'on le juge à propos. Mais ces fourneaux particuliers ne difpenfent pas d'avoir dans un laboratoire une forge garnie d'un bon foufflet, & ce qui eft encore plus important, un bon fourneau de fufion. Je vais donner la defcription de celui dont je me fers, & détailler les principes d'après lefquels je l'ai conftruit.

L'air ne circule dans un fourneau que parce-qu'il s'échauffe en paffant à travers les charbons: alors il fe dilate; devenu plus léger que l'air environnant, il eft forcé de monter par la preffion des colonnes latérales, & il eft remplacé par de nouvel air qui arrive de toutes parts, principalement par-deſſous. Cette circulation de l'air a lieu lorſque l'on brûle du charbon même dans un ſimple réchaut : mais il eſt aiſé de concevoir que la maſſe d'air qui paſſe par un fourneau ainſi ouvert de toutes parts, ne peut pas être, toutes choſes d'ailleurs égales, auſſi grande que celle qui eſt contrainte de paſſer par un fourneau formé en tour creuſe, comme le ſont en général les fourneaux chimiques, & que par conſéquent la combuſtion ne peut pas y être auſſi rapide.

Soit ſuppoſé, par exemple, un fourneau A B C D E F, *planche XIII, figure 5*, ouvert par le haut & rempli de charbons ardens ; la force avec laquelle l'air ſera obligé de paſſer à travers les charbons, ſera meſurée par la différence de peſanteur ſpécifique de deux colonnes A C, l'une d'air froid pris en dehors du fourneau, l'autre d'air chaud pris en-dedans. Ce n'eſt pas qu'il n'y ait encore de l'air échauffé au-deſſus de l'ouverture A B du fourneau, & il eſt certain que ſon excès de légéreté doit entrer auſſi pour quelque choſe dans le calcul ; mais comme cet air chaud eſt continuellement refroidi & emporté par l'air extérieur, cette portion ne peut pas faire beaucoup d'effet.

Mais ſi à ce même fourneau on ajoute un

grand tuyau creux de même diamètre que lui GHAB, qui défende l'air qui a été échauffé par les charbons ardens, d'être refroidi, dif-perſé & emporté par l'air environnant, la dif-férence de peſanteur ſpécifique en vertu de laquelle s'opérera la circulation de l'air, ne ſera plus celle de deux colonnes A C, l'une extérieure, l'autre intérieure ; ce ſera celle de deux colonnes égales à G C. Or, à chaleur égale, ſi la colonne GC$=$3AC, la circulation de l'air ſe fera en raiſon d'une force triple. Il eſt vrai que je ſuppoſe ici que l'air contenu dans la capacité GHCD eſt autant échauffé que l'étoit l'air contenu dans la capacité ABCD, ce qui n'eſt pas rigoureuſement vrai ; car la chaleur doit décroître de AB à GH : mais comme il eſt évident que l'air de la capacité GHAB eſt beaucoup plus chaud que l'air extérieur, il en réſulte toujours que l'addition de la tour creuſe GHAB augmente la rapidité du courant d'air, qu'il en paſſe plus à travers les charbons, & que par conſéquent il y aura plus de combuſtion.

Conclurons-nous de ces principes qu'il faille augmenter indéfiniment la longueur du tuyau GHAB ? Non ſans doute ; car puiſque la cha-leur de l'air diminue de AB en GH, ne fût-ce que par le refroidiſſement cauſé à cet air

par le contact des parois du tuyau, il en réfulte que la pefanteur fpécifique de l'air qui le
traverfe diminue graduellement, & que fi le
tuyau étoit prolongé à un certain point, on
arriveroit à un terme où la pefanteur fpécifique
de l'air feroit égale en-dedans & en dehors du
tuyau; & il eft évident qu'alors cet air froid qui
ne tendroit plus à monter, feroit une maffe à
déplacer qui apporteroit une réfiftance à l'af-
cenfion de l'air inférieur. Bien plus, comme
cet air eft néceflairement mêlé de gaz acide
carbonique, & que ce gaz eft plus lourd que
l'air atmofphérique, il arriveroit, fi ce tuyau
étoit affez long pour que l'air avant de parvenir
à fon extrêmité pût fe rapprocher de la température extérieure, qu'il tendroit à redefcen-
dre; d'où il faut conclure que la longueur des
tuyaux qu'on ajoute fur les fourneaux eft limitée par la nature des chofes.

Les conféquences auxquelles nous conduifent
ces réflexions, font 1°. que le premier pied de
tuyau qu'on ajoute fur le dôme d'un fourneau,
fait plus d'effet que le fixième, par exemple;
que le fixième en fait plus que le dixième:
mais aucune expérience ne nous a encore fait
connoître à quel terme on doit s'arrêter; 2°. que
ce terme eft d'autant plus éloigné que le tuyau
eft moins bon conducteur de chaleur, puifque

l'air

l'air s'y refroidit d'autant moins; en forte que la terre cuite eft beaucoup préférable à la tôle pour faire des tuyaux de fourneaux, & que fi même on les formoit d'une double enveloppe, fi on rempliffoit l'intervalle de charbon pilé, qui eft une des fubftances la moins propre à tranfmettre la chaleur, on retarderoit le refroidiffement de l'air, & on augmenteroit par conféquent la rapidité du courant & la poffibilité d'employer un tuyau plus long; 3°. que le foyer du fourneau étant l'endroit le plus chaud & celui par conféquent où l'air qui le traverfe eft le plus dilaté, cette partie du fourneau doit être auffi la plus volumineufe, & qu'il eft néceffaire d'y ménager un renflement confidérable. Il eft d'une néceffité d'autant plus indifpenfable de donner beaucoup de capacité à cette partie du fourneau, qu'elle n'eft pas feulement deftinée au paffage de l'air qui doit favorifer, ou pour mieux dire opérer la combuftion; elle doit encore contenir le charbon & le creufet; en forte qu'on ne peut compter pour le paffage de l'air que l'intervalle que laiffent entr'eux les charbons.

C'eft d'après ces principes que j'ai conftruit mon fourneau de fufion, & je ne crois pas qu'il en exifte aucun qui produife un effet plus violent. Cependant je n'ofe pas encore me flatter d'être arrivé à la plus grande intensité de chaleur qu'on puisse produire dans les fourneaux chimiques. On n'a point encore déterminé par des expériences exactes l'augmentation de volume que prend l'air en traversant un fourneau de fusion; en sorte qu'on ne connoît point le rapport qu'on doit observer entre les ouvertures inférieures & supérieures d'un fourneau: on connoît encore moins la grandeur absolue qu'il convient de donner à ces ouvertures. Les données manquent donc, & on ne peut encore arriver au but que par tâtonnement.

Ce fourneau est représenté *pl. XIII, fig. 6.* Je lui ai donné, d'après les principes que je viens d'exposer, la forme d'un sphéroïde elliptique ABCD, dont les deux bouts sont coupés par un plan qui passeroit par chacun des foyers perpendiculairement au grand axe. Au moyen du renflement qui résulte de cette figure, le fourneau peut tenir une masse de charbon considérable, & il reste encore dans l'intervalle assez d'espace pour le passage du courant d'air.

Pour que rien ne s'oppose au libre accès de l'air extérieur, je l'ai laissé entièrement ouvert par-dessous, à l'exemple de M. Macquer, qui avoit déjà pris cette même précaution pour son fourneau de fusion, & je l'ai posé sur un trépied. La grille dont je me sers est à claire-voie

& en fer méplat ; & pour que les barreaux oppofent moins d'obſtacle au paſſage de l'air, je les ai fait poſer non fur leur côté plat, mais fur le côté le plus étroit, comme on le voit *figure 7.* Enfin j'ai ajouté à la partie fupérieure A B un tuyau de 18 pieds de long en terre cuite, & dont le diamètre intérieur eſt preſque de moitié de celui du fourneau. Quoique j'ob-tienne déjà avec ce fourneau un feu fupérieur à celui qu'aucun Chimiſte fe foit encore pro-curé jufqu'ici, je le crois fufceptible d'être fenfiblement augmenté par les moyens fimples que j'ai indiqués & dont le principal confiſte à rendre le tuyau FGAB le moins bon conduc-teur de chaleur qu'il foit poſſible.

Il me reſte à dire un mot du fourneau de coupelle ou fourneau d'eſſai. Lorſqu'on veut connoître fi du plomb contient de l'or ou de l'argent, on le chauffe à grand feu dans de petites capfules faites avec des os calcinés, & qui, en termes d'eſſai, fe nomment *coupelles.* Le plomb s'oxide, il devient fufceptible de fe vitrifier, il s'imbibe & s'incorpore avec la cou-pelle. On conçoit que le plomb ne peut s'oxi-der qu'avec le contaﬅ de l'air ; ce ne peut donc être, ni dans un creufet où le libre accès de l'air extérieur eſt interdit, ni même au milieu d'un fourneau à travers les charbons ardens, puifque l'air de l'intérieur d'un fourneau altéré par la combustion & réduit pour la plus grande partie à l'état de gaz azote & de gaz acide carbonique, n'est plus propre à la calcination & à l'oxidation des métaux. Il a donc fallu imaginer un appareil particulier où le métal fût en même tems exposé à la grande violence du feu, & garanti du contact de l'air devenu incombustible par son passage à travers les charbons. Le fourneau destiné à remplir ce double objet, a été nommé, dans les arts, fourneau de coupelle. Il est communément de forme quarrée, ainsi qu'il est représenté *planche XIII*, *fig. 8*. Voyez aussi sa coupe, *fig. 10*. Comme tous les fourneaux bien construits, il doit avoir un cendrier A A B B, un foyer B B C C, un laboratoire C C D D, un dôme D D E E.

C'est dans le laboratoire qu'on place ce qu'on nomme la mouffle. C'est une espèce de petit four G H, *figures 9 & 10*, fait de terre cuite & fermé par le fond. On le pose sur des barres qui traversent le fourneau, il s'ajuste avec l'ouverture G de la porte, & on l'y lute avec de l'argile délayée avec de l'eau. C'est dans cette espèce de four que se placent les coupelles. On met du charbon dessus & dessous la mouffle par les portes du dôme & du foyer: l'air qui est entré par les ouvertures du cendrier, après avoir fervi à la combuſtion, s'échappe par l'ouverture ſupérieure EE. A l'égard de la mouffle, l'air extérieur y pénètre par la porte GG, & il y entretient la calcination métallique.

En réfléchiſſant ſur cette conſtruction, on s'apperçoit aiſément combien elle eſt vicieuſe. Elle a deux inconvéniens principaux : quand la porte GG eſt fermée, l'oxidation ſe fait lentement & difficilement à défaut d'air pour l'entretenir ; lorſqu'elle eſt ouverte, le courant d'air froid qui s'introduit fait figer le métal & ſuſpend l'opération. Il ne ſeroit pas difficile de remédier à ces inconvéniens, en conſtruiſant la mouffle & le fourneau de manière qu'il y eût un courant d'air extérieur toujours renouvelé qui raſât la ſurface du métal. On feroit paſſer cet air à travers un tuyau de terre qui ſeroit entretenu rouge par le feu même du fourneau, afin que l'intérieur de la mouffle ne fût jamais refroidi ; & on feroit en quelques minutes ce qui demande ſouvent un tems conſidérable.

M. Sage a été conduit par d'autres principes à de ſemblables conſéquences. Il place la coupelle qui contient le plomb allié de fin dans un fourneau ordinaire à travers les charbons ; il la recouvre avec une petite mouffle de porcelaine, & quand le tout eſt ſuffiſamment chaud, il dirige ſur le métal le courant d'air d'un ſoufflet ordinaire à main : la coupellation de cette manière fe fait avec une grande facilité, & à ce qu'il paroît, avec beaucoup d'exactitude.

## §. III.

*Des moyens d'augmenter confidérablement l'action du feu, en fubflituant le gaz oxygène à l'air de l'atmofphère.*

On a obtenu avec les grands verres ardens qui ont été conflruits jufqu'à ce jour, tels que ceux de Tchirnaufen & celui de M. de Trudaine, une intenfité de chaleur un peu plus grande que celle qui a lieu dans les fourneaux chimiques, & même dans les fours où l'on cuit la porcelaine dure. Mais ces inflrumens font extrêmement chers, & ils ne vont pas même jufqu'à fondre la platine brute ; en forte que leur avantage, relativement à l'effet qu'ils produifent, n'eft prefque d'aucune confidération, & qu'il eft plus que compenfé par la difficulté de fe les procurer & même d'en faire ufage.

Les miroirs concaves à diamètre égal font un peu plus d'effet que les verres ardens ; on en a la preuve par les expériences faites par MM. Macquer & Baumé, avec le miroir de M. l'Abbé Bourlot : mais comme la direction des rayons réfléchis eft de bas en haut, il faut opérer en l'air & fans fupport ; ce qui rend abſolument impoſſible le plus grand nombre des expériences chimiques.

Ces conſidérations m'avoient déterminé d'abord à eſſayer de remplir de grandes veſſies de gaz oxygène, à y adapter un tube ſuſceptible d'être fermé par un robinet, & à m'en ſervir pour animer avec ce gaz le feu des charbons allumés. L'intenſité de chaleur fut telle, même dans mes premières tentatives, que je parvins à fondre une petite quantité de platine brute avec aſſez de facilité.

C'eſt à ce premier ſuccès que je dois l'idée du gazomètre dont j'ai donné la deſcription, page 24 & ſuivantes. Je l'ai ſubſtitué aux veſſies; & comme on peut donner au gaz oxygène le degré de preſſion qu'on juge à propos, on peut non-ſeulement s'en procurer un écoulement continu, mais lui donner même un grand degré de vîteſſe.

Le ſeul appareil dont on ait beſoin pour ce genre d'expériences, conſiſte en une petite table ABCD, *pl. XII, fig. 15*, percée d'un trou en F, à travers lequel on fait paſſer un tube de cuivre ou d'argent F G, terminé en G par une très-petite ouverture qu'on peut ouvrir ou fermer par le moyen du robinet H. Ce tube ſe continue par-deſſous la table en *l m n o*, & va s'adapter au gazomètre avec l'intérieur duquel il communique. Lorſqu'on veut opérer, on commence à faire avec le tourne-vis K I un creux de quelques lignes de profondeur dans un gros charbon noir. On place dans ce creux le corps que l'on veut fondre : on allume enſuite le charbon avec un chalumeau de verre, à la flamme d'une chandelle ou d'une bougie; après quoi on l'expoſe au courant de gaz oxygène qui ſort avec rapidité par le bec ou extrêmité G du tube F G.

Cette manière d'opérer ne peut être employée que pour les corps qui peuvent être mis ſans inconvénient en contact avec les charbons, tels que les métaux, les terres ſimples, &c. A l'égard des corps dont les principes ont de l'affinité avec le charbon & que cette ſubſtance décompoſe, comme les ſulfates, les phoſphates, & en général preſque tous les ſels neutres, les verres métalliques, les émaux, &c. on ſe ſert de la lampe d'émailleur, à travers de laquelle on fait paſſer un courant de gaz oxygène. Alors, au lieu de l'ajutage recourbé E G, on ſe ſert de celui coudé S T, qu'on viſſe à la place & qui dirige le courant de gax oxygène à travers la flamme de la lampe. L'intenſité de chaleur que donne ce ſecond moyen n'eſt pas auſſi forte que celle qu'on obtient par le premier, & ce n'eſt qu'avec beaucoup de peine qu'on parvient à fondre la platine.

Les supports dont on se sert dans cette seconde manière d'opérer, sont ou des coupelles d'os calcinés, ou de petites capsules de porcelaine, ou même des capsules ou cuillers métalliques. Pourvu que ces dernières ne soient pas trop petites, elles ne fondent pas, attendu que les métaux sont bons conducteurs de chaleur, que le calorique se répartit en conséquence promptement & facilement dans toute la masse, & n'en échauffe que médiocrement chacune des parties.

On peut voir dans les volumes de l'Académie, année 1782, page 476, & 1783, page 573, la suite d'expériences que j'ai faites avec cet appareil. Il en résulte, 1°. que le cristal de roche, c'est-à-dire la terre siliceuse pure, est infusible; mais qu'elle devient susceptible de ramollissement & de fusion, dès qu'elle est mélangée.

2°. Que la chaux, la magnésie & la baryte ne sont fusibles ni seules, ni combinées ensemble; mais qu'elles facilitent, sur-tout la chaux, la fusion de toutes les autres substances.

3°. Que l'alumine est complettement fusible seule, & qu'il résulte de sa fusion une substance vitreuse opaque très-dure, qui raye le verre comme les pierres précieuses.

4°. Que toutes les terres & pierres composées se fondent avec beaucoup de facilité, &
forment un verre brun.

5°. Que toutes les substances salines, même
l'alkali fixe, se volatilisent en peu d'instans.

6°. Que l'or, l'argent, &c. & probablement
la platine, se volatilisent lentement à ce degré
de feu, & se dissipent sans aucune circonstance
particulière.

7°. Que toutes les autres substances métalliques, à l'exception du mercure, s'oxident quoique placées sur un charbon; qu'elles y brûlent
avec une flamme plus ou moins grande & diversement colorée, & finissent par se dissiper
entièrement.

8°. Que les oxides métalliques brûlent également tous avec flamme; ce qui semble établir un caractère distinctif de ces substances,
& ce qui me porte à croire, comme Bergman
l'avoit soupçonné, que la baryte est un oxide
métallique, quoiqu'on ne soit pas encore parvenu à en obtenir le métal dans son état de
pureté.

9°. Que parmi les pierres précieuses, les unes,
comme le rubis, sont susceptibles de se ramollir
& de se souder, sans que leur couleur & même
que leurs poids soient altérés; que d'autres,
comme l'hyacinthe dont la fixité est presque

égale à celle du rubis, perdent facilement leur couleur ; que la topafe de Saxe, la topafe & le rubis du Bréfil non-feulement fe décolorent promptement à ce degré de feu, mais qu'ils perdent même un cinquième de leur poids, & qu'il refte lorfqu'ils ont fubi cette altération, une terre blanche femblable en apparence à du quartz blanc ou à du bifcuit de porcelaine ; enfin que l'émeraude, la chryfolite & le grenat fondent prefque fur-le-champ en un verre opaque & coloré.

10°. Qu'à l'égard du diamant, il préfente une propriété qui lui eft toute particulière, celle de fe brûler à la manière des corps combuftibles & de fe diffiper entièrement.

Il eft un autre moyen dont je n'ai point encore fait ufage, pour augmenter encore davantage l'activité du feu par le moyen du gaz oxygène ; c'eft de l'employer à fouffler un feu de forge. M. Achard en a eu la première idée ; mais les procédés qu'il a employés & au moyen defquels il croyoit déphlogiftiquer l'air de l'atmofphère, ne l'ont conduit à rien de fatisfaifant. L'appareil que je me propofe de faire conftruire, fera très-fimple : il confiftera dans un fourneau ou efpèce de forge d'une terre extrêmement réfractaire ; fa figure fera à peu près femblable à celle du fourneau repréfenté *planche XIII*, *fig. 4*; il fera feulement moins élevé & en général conftruit fur de plus petites dimenfions. Il aura deux ouvertures, l'une en E à laquelle s'adaptera le bout d'un foufflet, & une feconde toute femblable à laquelle s'ajuftera un tuyau qui communiquera avec le gazomètre. Je poufferai d'abord le feu auffi loin qu'il fera poffible par le vent du foufflet; & quand je ferai parvenu à ce point, je remplirai entièrement le fourneau de charbons embrafés; puis interceptant tout-à-coup le vent du foufflet, je donnerai par l'ouverture d'un robinet accès au gaz oxygène du gazomètre, & je le ferai arriver avec quatre ou cinq pouces de preffion. Je puis réunir ainfi le gaz oxygène de plufieurs gazomètres, de manière à en faire paffer jufqu'à huit à neuf pieds cubes à travers le fourneau; & je produirai une intenfité de chaleur certainement très-fupérieure à tout ce que nous connoiffons. J'aurai foin de tenir l'ouverture fupérieure du fourneau très-grande, afin que le calorique ait une libre iffue, & qu'une expanfion trop rapide de ce fluide fi éminemment élaftique ne produife point une explofion.

*F I N.*

# TABLES

## A L'USAGE

# DES CHIMISTES.

# TABLES
## A L'USAGE DES CHIMISTES.

---

## N°. I.

*TABLE pour convertir les onces , gros & grains en fractions décimales de livre , poids de marc.*

---

### TABLE POUR LES GRAINS.

| Grains poids de marc. | Fractions décimales de livre correspondantes. | Grains poids de marc. | Fractions décimales de livre correspondantes. |
|---|---|---|---|
| | livre. | | livre. |
| 1 | 0,00010850 | 13 | 0,001410591 |
| 2 | 0,000217014 | 14 | 0,001519098 |
| 3 | 0,000325521 | 15 | 0,001627605 |
| 4 | 0,000434028 | 16 | 0,001736112 |
| 5 | 0,000542535 | 17 | 0,001844619 |
| 6 | 0,000651042 | 18 | 0,001953125 |
| 7 | 0,000759549 | 19 | 0,002061633 |
| 8 | 0,000868056 | 20 | 0,002170140 |
| 9 | 0,000976563 | 21 | 0,002278647 |
| 10 | 0,001085070 | 22 | 0,002387154 |
| 11 | 0,001193577 | 23 | 0,002495661 |
| 12 | 0,001302084 | 24 | 0,002604168 |

| Grains poids de marc. | Fractions décimales de livre correspondantes. | Grains poids de marc. | Fractions décimales de livre correspondantes. |
|---|---|---|---|
| | livre. | | livre. |
| 25 | 0,002712675 | 51 | 0,005533857 |
| 26 | 0,002821182 | 52 | 0,005642364 |
| 27 | 0,002929689 | 53 | 0,005750871 |
| 28 | 0,003038196 | 54 | 0,005859378 |
| 29 | 0,003146703 | 55 | 0,005967885 |
| 30 | 0,003255210 | 56 | 0,006076372 |
| 31 | 0,003363717 | 57 | 0,006184899 |
| 32 | 0,003472224 | 58 | 0,006293406 |
| 33 | 0,003580731 | 59 | 0,006401913 |
| 34 | 0,003689238 | 60 | 0,006510420 |
| 35 | 0,003797745 | 61 | 0,006618927 |
| 36 | 0,003906252 | 62 | 0,006727434 |
| 37 | 0,004014759 | 63 | 0,006835941 |
| 38 | 0,004123266 | 64 | 0,006944448 |
| 39 | 0,004231773 | 65 | 0,007052955 |
| 40 | 0,004340280 | 66 | 0,007161462 |
| 41 | 0,004448787 | 67 | 0,007269969 |
| 42 | 0,004557294 | 68 | 0,007378456 |
| 43 | 0,004665801 | 69 | 0,007486983 |
| 44 | 0,004774308 | 70 | 0,007595490 |
| 45 | 0,004882815 | 71 | 0,007703997 |
| 46 | 0,004991322 | 72 | 0,007812504 |
| 47 | 0,005099829 | 73 | 0,007921011 |
| 48 | 0,005208336 | 74 | 0,008029518 |
| 49 | 0,005316843 | 75 | 0,008138025 |
| 50 | 0,005425350 | 76 | 0,008246532 |

*Grains*

| Grains poids de marc. | Fractions décimales de livre correspondantes. | Grains poids de marc. | Fractions décimales de livre correspondantes. |
|---|---|---|---|
| | livre. | | livre. |
| 77 | 0,008355039 | 89 | 0,009657123 |
| 78 | 0,008463546 | 90 | 0,009765630 |
| 79 | 0,008572053 | 91 | 0,009874137 |
| 80 | 0,008680560 | 92 | 0,009982644 |
| 81 | 0,008789067 | 93 | 0,010091151 |
| 82 | 0,008897574 | 94 | 0,010199658 |
| 83 | 0,009006081 | 95 | 0,010308165 |
| 84 | 0,009114588 | 96 | 0,010416672 |
| 85 | 0,009223095 | 97 | 0,010525179 |
| 86 | 0,009331602 | 98 | 0,010633686 |
| 87 | 0,009440109 | 99 | 0,010742193 |
| 88 | 0,009548616 | 100 | 0,010850700 |

## POUR LES GROS.    POUR LES ONCES.

| gros. | livre. | onces. | livre. |
|---|---|---|---|
| 1 | 0,0078125 | 1 | 0,0625000 |
| 2 | 0,0156250 | 2 | 0,1250000 |
| 3 | 0,0234375 | 3 | 0,1875000 |
| 4 | 0,0312500 | 4 | 0,2500000 |
| 5 | 0,0390625 | 5 | 0,3125000 |
| 6 | 0,0468750 | 6 | 0,3750000 |
| 7 | 0,0546875 | 7 | 0,4375000 |
| 8 | 0,0625000 | 8 | 0,5000000 |
| 9 | 0,0703125 | 9 | 0,5625000 |
| 10 | 0,0781250 | 10 | 0,6250000 |
| 11 | 0,0859375 | 11 | 0,6875000 |
| 12 | 0,0937500 | 12 | 0,7500000 |
| 13 | 0,1015625 | 13 | 0,8125000 |
| 14 | 0,1093750 | 14 | 0,8750000 |
| 15 | 0,1171875 | 15 | 0,9375000 |
| 16 | 0,1250000 | 16 | 1,0000000 |

## N°. II.

*TABLE pour convertir les fractions décimales de livre en fractions vulgaires.*

### POUR LES DIXIEMES DE LIVRE.

| Fractions décimales de livre. | Fractions vulgaires de livre correspondantes. | | |
|---|---|---|---|
| livre. | onces. | gros. | grains. |
| 0,1 | 1 | 4 | 57,60 |
| 0,2 | 3 | 1 | 43,20 |
| 0,3 | 4 | 6 | 28,80 |
| 0,4 | 6 | 3 | 14,40 |
| 0,5 | 8 | 8 | 0 |
| 0,6 | 9 | 4 | 57,60 |
| 0,7 | 11 | 1 | 43,20 |
| 0,8 | 12 | 6 | 28,80 |
| 0,9 | 14 | 3 | 14,40 |
| 1, | 15 | 0 | 0 |

### POUR LES MILLIEMES DE LIVRE.

| Fractions décimales de livre. | Fractions vulgaires de livre correspondantes. | |
|---|---|---|
| livre. | gros. | grains. |
| 0,001 | » | 9,22 |
| 0,002 | » | 18,43 |
| 0,003 | » | 27,65 |
| 0,004 | » | 36,86 |
| 0,005 | » | 46,08 |
| 0,006 | » | 55,30 |
| 0,007 | » | 64,51 |
| 0,008 | 1 | 1,73 |
| 0,009 | 1 | 10,94 |
| 0,010 | 1 | 20,16 |

### POUR LES CENTIEMES DE LIVRE.

| livre. | onces. | gros. | grains. |
|---|---|---|---|
| 0,01 | » | 1 | 27,16 |
| 0,02 | » | 2 | 40,32 |
| 0,03 | » | 3 | 60,48 |
| 0,04 | » | 5 | 8,64 |
| 0,05 | » | 6 | 28,80 |
| 0,06 | » | 7 | 48,96 |
| 0,07 | 1 | 0 | 69,12 |
| 0,08 | 1 | 2 | 17,28 |
| 0,09 | 1 | 3 | 37,44 |
| 0,10 | 1 | 4 | 57,60 |

### POUR LES DIX MILLIEMES DE LIVRE.

| livre. | grains. |
|---|---|
| 0,0001 | 0,92 |
| 0,0002 | 1,84 |
| 0,0003 | 2,76 |
| 0,0004 | 3,69 |
| 0,0005 | 4,61 |
| 0,0006 | 5,53 |
| 0,0007 | 6,45 |
| 0,0008 | 7,37 |
| 0,0009 | 8,29 |
| 0,0010 | 9,22 |

## POUR LES CENT MILLIEMES DE LIVRE.

| Fractions décimales de livre. | Fractions vulgaires de livre correspondantes. |
|---|---|
| livre. | grains. |
| 0,00001 | 0,09 |
| 0,00002 | 0,18 |
| 0,00003 | 0,28 |
| 0,00004 | 0,37 |
| 0,00005 | 0,46 |
| 0,00006 | 0,55 |
| 0,00007 | 0,64 |
| 0,00008 | 0,74 |
| 0,00009 | 0,83 |
| 0,00010 | 0,92 |

## POUR LES MILLIONIEMES DE LIVRE.

| Fractions décimales de livre. | Fractions vulgaires de livre correspondantes. |
|---|---|
| livre. | grains. |
| 0,000001 | 0,01 |
| 0,000002 | 0,02 |
| 0,000003 | 0,03 |
| 0,000004 | 0,04 |
| 0,000005 | 0,05 |
| 0,000006 | 0,06 |
| 0,000007 | 0,07 |
| 0,000008 | 0,08 |
| 0,000009 | 0,09 |
| 0,000010 | 0,10 |

## N°. III.

*TABLE du nombre de Pouces cubes correspondans à un poids déterminé d'eau.*

### TABLE POUR LES GRAINS.

| Grains d'eau, poids de marc. | Nombre de pouces cubes correspondans. | Grains d'eau, poids de marc. | Nombre de pouces cubes correspondans. |
|---|---|---|---|
| 1 | 0,003 | 23 | 0,062 |
| 2 | 0,005 | 24 | 0,065 |
| 3 | 0,008 | 25 | 0,067 |
| 4 | 0,011 | 26 | 0,070 |
| 5 | 0,013 | 27 | 0,073 |
| 6 | 0,016 | 28 | 0,076 |
| 7 | 0,019 | 29 | 0,078 |
| 8 | 0,022 | 30 | 0,081 |
| 9 | 0,024 | 31 | 0,084 |
| 10 | 0,027 | 32 | 0,086 |
| 11 | 0,030 | 33 | 0,089 |
| 12 | 0,032 | 34 | 0,092 |
| 13 | 0,035 | 35 | 0,094 |
| 14 | 0,038 | 36 | 0,097 |
| 15 | 0,040 | 37 | 0,100 |
| 16 | 0,043 | 38 | 0,103 |
| 17 | 0,046 | 39 | 0,105 |
| 18 | 0,049 | 40 | 0,108 |
| 19 | 0,051 | 41 | 0,111 |
| 20 | 0,054 | 42 | 0,113 |
| 21 | 0,057 | 43 | 0,116 |
| 22 | 0,059 | 44 | 0,119 |

| Grains d'eau, poids de marc. | Nombre des pouces cubes correspondans. | Grains d'eau, poids de marc. | Nombre des pouces cubes correspondans. |
|---|---|---|---|
| 45 | 0,121 | 59 | 0,159 |
| 46 | 0,124 | 60 | 0,162 |
| 47 | 0,127 | 61 | 0,165 |
| 48 | 0,130 | 62 | 0,167 |
| 49 | 0,132 | 63 | 0,170 |
| 50 | 0,135 | 64 | 0,173 |
| 51 | 0,138 | 65 | 0,175 |
| 52 | 0,140 | 66 | 0,178 |
| 53 | 0,143 | 67 | 0,181 |
| 54 | 0,146 | 68 | 0,184 |
| 55 | 0,148 | 69 | 0,186 |
| 56 | 0,151 | 70 | 0,189 |
| 57 | 0,154 | 71 | 0,192 |
| 58 | 0,157 | 72 | 0,194 |

## TABLE POUR LES GROS.      TABLE POUR LES ONCES.

| | pou. cub. | | pou. cub. |
|---|---|---|---|
| 1 | 0,193 | 1 | 1,543 |
| 2 | 0,386 | 2 | 3,086 |
| 3 | 0,579 | 3 | 4,629 |
| 4 | 0,772 | 4 | 6,172 |
| 5 | 0,965 | 5 | 7,715 |
| 6 | 1,158 | 6 | 9,258 |
| 7 | 1,351 | 7 | 10,801 |
| 8 | 1,543 | 8 | 12,344 |
| | | 9 | 13,887 |
| | | 10 | 15,430 |
| | | 11 | 16,973 |
| | | 12 | 18,516 |
| | | 13 | 20,059 |
| | | 14 | 21,602 |
| | | 15 | 23,145 |
| | | 16 | 24,687 |

## TABLE POUR LES LIVRES.

| Livres d'eau, poids de marc. | Nombre de pouces cubes correspondans. | Livres d'eau, poids de marc. | Nombre de pouces cubes correspondans. |
|---|---|---|---|
| | pou. cub. | | pou. cub. |
| 1 | 24,687 | 20 | 493,740 |
| 2 | 49,374 | 21 | 518,427 |
| 3 | 74,061 | 22 | 543,114 |
| 4 | 98,748 | 23 | 567,801 |
| 5 | 123,420 | 24 | 592,448 |
| 6 | 148,122 | 25 | 617,175 |
| 7 | 172,809 | 26 | 641,862 |
| 8 | 197,496 | 27 | 666,549 |
| 9 | 222,180 | 28 | 691,236 |
| 10 | 246,870 | 29 | 715,923 |
| 11 | 271,557 | 30 | 740,610 |
| 12 | 296,244 | 40 | 987,480 |
| 13 | 320,931 | 50 | 1234,200 |
| 14 | 345,618 | 60 | 1481,220 |
| 15 | 370,305 | 70 | 1728,000 |
| 16 | 394,992 | 80 | 1974,960 |
| 17 | 419,676 | 90 | 2221,800 |
| 18 | 444,360 | 100 | 2328,700 |
| 19 | 469,050 | | |

## N°. IV.

*TABLE pour convertir les lignes & fractions de ligne en fractions décimales de pouce.*

---

### TABLE POUR LES FRACTIONS DE LIGNE.

### TABLE POUR LES LIGNES.

| Douzièmes de ligne. | Fractions décimales de pouce correspondantes. | Lignes. | Fractions décimales de pouce correspondantes. |
|---|---|---|---|
| | pouces. | | pouces. |
| 1 | 0,00694 | 1 | 0,08333 |
| 2 | 0,01389 | 2 | 0,16667 |
| 3 | 0,02083 | 3 | 0,25000 |
| 4 | 0,02778 | 4 | 0,33333 |
| 5 | 0,03472 | 5 | 0,41667 |
| 6 | 0,04167 | 6 | 0,50000 |
| 7 | 0,04861 | 7 | 0,58333 |
| 8 | 0,05556 | 8 | 0,66667 |
| 9 | 0,06250 | 9 | 0,75000 |
| 10 | 0,06944 | 10 | 0,83333 |
| 11 | 0,07639 | 11 | 0,91667 |
| 12 | 0,08333 | 12 | 1,00000 |

Q iv

## N°. V.

*TABLE pour convertir les hauteurs d'eau obſervées dans les cloches ou jarres, en hauteurs correſpondantes de mercure exprimées en fractions décimales de pouce.*

| Hauteur de l'eau exprimée en lignes. | Hauteur correſpondante du mercure exprimée en fractions décimales de pouce. | Hauteur de l'eau exprimée en lignes. | | Hauteur correſpondante du mercure exprimée en fractions décimales de pouce. |
|---|---|---|---|---|
| lignes. | pouces. | pou. | lig. | pouces. |
| 1 | 0,00614 | | 20 | 0,12284 |
| 2 | 0,01228 | | 21 | 0,12898 |
| 3 | 0,01843 | | 22 | 0,13512 |
| 4 | 0,02457 | | 23 | 0,14126 |
| 5 | 0,03071 | 2 | | 0,14741 |
| 6 | 0,03685 | 3 | | 0,22111 |
| 7 | 0,04299 | 4 | | 0,29481 |
| 8 | 0,04914 | 5 | | 0,36852 |
| 9 | 0,05528 | 6 | | 0,44222 |
| 10 | 0,06142 | 7 | | 0,51593 |
| 11 | 0,06756 | 8 | | 0,58963 |
| 12 | 0,07370 | 9 | | 0,66333 |
| 13 | 0,07985 | 10 | | 0,73704 |
| 14 | 0,08599 | 11 | | 0,81074 |
| 15 | 0,09213 | 12 | | 0,88444 |
| 16 | 0,09827 | 13 | | 0,95815 |
| 17 | 0,10441 | 14 | | 1,03185 |
| 18 | 0,11055 | 15 | | 1,10556 |
| 19 | 0,11670 | 16 | | 1,17926 |

## N°. VI.

*TABLE des quantités de pouces cubiques françois correspondans à une once, mesure de M. Priestley.*

| Onces, mesure de M. Priestley. | Pouces cubiques françois correspondans. | Onces, mesure de M. Priestley. | Pouces cubiques françois correspondans. |
|---|---|---|---|
| | pou. cub. | | |
| 1 | 1,567 | 20 | 31,340 |
| 2 | 3,134 | 30 | 47,010 |
| 3 | 4,701 | 40 | 62,680 |
| 4 | 6,268 | 50 | 78,350 |
| 5 | 7,835 | 60 | 94,020 |
| 6 | 9,402 | 70 | 109,690 |
| 7 | 10,969 | 80 | 125,360 |
| 8 | 12,536 | 90 | 141,030 |
| 9 | 14,103 | 100 | 156,700 |
| 10 | 15,670 | 200 | 313,400 |
| 11 | 17,237 | 300 | 470,100 |
| 12 | 18,804 | 400 | 626,800 |
| 13 | 20,371 | 500 | 783,500 |
| 14 | 21,938 | 600 | 940,200 |
| 15 | 23,505 | 700 | 1096,900 |
| 16 | 25,072 | 800 | 1253,600 |
| 17 | 26,639 | 900 | 1410,300 |
| 18 | 28,206 | 1000 | 1567,000 |
| 19 | 29,773 | | |

## N°. V I I.

*TABLE des pesanteurs des différens gaz à 28 pouces de pression & à 10 degrés du thermomètre.*

| Noms des airs ou gaz. | Poids du pouce cube. | Poids du pied cube. | OBSERVATIONS. |
|---|---|---|---|
| | grains. | on. gros gra. | |
| Air atmosphérique... | 0,46005 | 1..3.. 3,00 | D'après mes expér. |
| Gaz azote.......... | 0,44444 | 1..2...48,00 | D'après mes expér. |
| Gaz  oxygène....... | 0,50694 | 1..4...12,00 | D'après mes expér. |
| Gaz hydrogène...... | 0,03539 | »..»..61,15 | D'après mes expér. |
| Gaz acide carbonique. | 0,68985 | 2..»..40,00 | D'après mes expér. |
| Gaz nitreux........ | 0,54690 | 1..5.. 9,04 | D'après M. Kirwan. |
| Gaz ammoniaque.... | 0,27488 | »..6..43,00 | D'après M. Kirwan. |
| Gaz acide sulfureux.. | 1,03820 | 3..»..66,00 | D'après M. Kirwan. |

## N°. VIII.

### TABLE des Pesanteurs spécifiques des substances minérales, extraite de l'ouvrage de M. BRISSON.

---

## SUBSTANCES MÉTALLIQUES.

| Noms des substances métalliques. | VARIÉTÉS. | Pesanteur spécifique. | Poids du pouce cube. | Poids du pied cube. |
|---|---|---|---|---|
| | | | onc. g. gra. | livres. on. g. gr. |
| Or...... | Or à 24 karats, fondu & non forgé. | 192581 | 12 3.62 | 1348. 1.0.41 |
| | Le même fondu & forgé. | 193617 | 12.4.28 | 1355. 5.0.60 |
| | Or au titre de Paris, ou à 22 karats, fondu & non forgé. | 174863 | 11.2.48 | 1224. 0.5.18 |
| | Le même fondu & forgé. | 175894 | 11.3.15 | 1231. 4.1. 2 |
| | Or au titre de la monnoie de France, ou à 21 $\frac{22}{32}$ karats, fondu & non forgé. | 174022 | 11.2.17 | 1218. 2.3.51 |
| | Le même monnoyé. | 176474 | 11.3.36 | 1235. 5.0.51 |
| | Or au titre des bijoux, ou à 20 karats, fondu & non forgé. | 157090 | 10.1.33 | 1099.10.0.46 |
| | Le même, fondu & forgé. | 157746 | 10.1.57 | 1104. 3.4.30 |
| Argent... | Argent à 12 deniers fondu & non forgé. | 104743 | 6.6.22 | 733. 3.1.52 |
| | Le même fondu & forgé. | 105107 | 6.6.36 | 735.11.7.43 |

## SUBSTANCES MÉTALLIQUES.

| Noms des substances métalliques. | VARIÉTÉS. | Pesanteur spécifique. | Poids du pouce cube. | Poids du pied cube. |
|---|---|---|---|---|
| | | | onc. g. gr. | livres. on. g. gr. |
| Argent... | Argent au titre de Paris, ou à 11 deniers 10 grains, fondu & non forgé. | 101752 | 6.4.55 | 712. 4.1.57 |
| | Le même, fondu & forgé. | 103765 | 6.5.58 | 726. 5.5.32 |
| | Argent au titre de la monnoie de France, ou à 10 deniers 21 grains, fondu & non forgé. | 100476 | 6.4. 7 | 703. 5.2.36 |
| | Le même monnoyé. | 104077 | 6.5.70 | 728. 8.4.71 |
| Platine... | Platine brut en grenailles. | 156017 | 10.0.65 | 1092. 1.7.17 |
| | Le même décapé, par l'acide muriatique. | 167521 | 10.6.62 | 1172.10.2.59 |
| | Platine purifié fondu. | 195000 | 12.5. 8 | 1365. 0.0. 0 |
| | Platine purifié forgé. | 203366 | 13.1.32 | 1423. 8.7.67 |
| | Platine purifié, passé par la filière. | 210417 | 13.5. 8 | 1472.14.5.46 |
| | Platine purifié, passé au laminoir. | 220690 | 14.2.31 | 1544.13.2.17 |
| Cuivre... | Cuivre rouge fondu & non forgé. | 77880 | 5.0.28 | 545. 2.4.35 |
| | Le même fondu & passé à la filière. | 88785 | 5.6. 3 | 621. 7.7.26 |
| | Cuivre jaune fondu & non forgé. | 83958 | 5.3.38 | 587.11.2.26 |
| | Le même fondu & passé à la filière. | 85441 | 5.4.22 | 598. 1.3.10 |

## S U B S T A N C E S   M É T A L L I Q U E S.

| Noms des substances métalliques. | VARIÉTÉS. | Pesanteur spécifique. | Poids du pouce cube. | Poids du pied cube. |
|---|---|---|---|---|
| | | | onc. g. gr. | livres. on. g. gr. |
| Fer..... | Fer fondu. | 72070 | 4.5.27 | 504. 7.6.52 |
| | Fer forgé en barre, écroui ou non écroui. | 77880 | 5.0.28 | 545. 2.4.35 |
| | Acier ni trempé, ni écroui. | 78331 | 5.0.44 | 548. 5.0.41 |
| | Le même écroui & non trempé. | 78404 | 5.0.47 | 548.13.1.71 |
| | Le même écroui & ensuite trempé. | 78180 | 5.0.39 | 547. 4.1.20 |
| | Le même trempé & non écroui. | 78163 | 5.0.38 | 547. 2.2. 3 |
| Etain.... | Etain pur de Cornouailles, fondu & non écroui. | 72914 | 4.5.58 | 510. 6.2.68 |
| | Le même fondu & écroui. | 72994 | 4.5.61 | 510.15.2.45 |
| | Etain de Mélac, fondu & non écroui. | 72963 | 4.5.60 | 510.11.6.61 |
| | Le même fondu & écroui. | 73065 | 4.5.64 | 511. 7.2.17 |
| Plomb... | Plomb fondu. | 113523 | 7.2.62 | 794.10.4.44 |
| Zinc.... | Zinc fondu. | 71908 | 4.5.21 | 503. 5.5.41 |
| Bismuth. | Bismuth fondu. | 98227 | 6.2.67 | 687. 9.3.28 |
| Cobalt... | Cobalt fondu. | 78119 | 5.0.36 | 546.13.2.45 |
| Antim... | Antimoine fondu. | 67021 | 4.2.54 | 469. 2.2.59 |
| | Antimoine crud. | 40643 | 2.5. 5 | 284. 8.0. 9 |
| | Verre d'antimoine. | 49464 | 3.1.47 | 346. 3.7.64 |

## SUBSTANCES MÉTALLIQUES.

| Noms des substances métalliques. | VARIÉTÉS. | Pesanteur spécifique. | Poids du pouce cube. | Poids du pied cube. |
|---|---|---|---|---|
| | | | onc. g. gr. | livres. on. g. gr. |
| Arſenic.. | Arſenic fondu. | 57633 | 3.5.64 | 403. 6 7.12 |
| Nickel.. | Nickel fondu. | 78070 | 5.0.35 | 546. 7.6.52 |
| Molybd.. | ................ | 47385 | 3.0.41 | 331.11.1.69 |
| Tungſtèn. | ................ | 60665 | 3.7.33 | 424.10.3.60 |
| Mercure. | ................ | 135681 | 8.6.25 | 949.12.2.13 |

## PIERRES PRÉCIEUSES.

| Noms des pierres précieuſes. | VARIÉTÉS. | Pesanteur spécifique. | Poids du pouce cube. | Poids du pied cube. |
|---|---|---|---|---|
| | | | on. g. gr. | livres. on. g. gr. |
| Diamant. | Diamant Oriental blanc. | 35212 | 2.2.19 | 246. 7.5.69 |
| | Diamant Oriental couleur de roſe. | 35310 | 2.2.22 | 247. 2.5.55 |
| Rubis.... | Rubis Oriental. | 42833 | 2.6.15 | 299.13.2.26 |
| | Rubis Spinelle. | 37600 | 2.3.36 | 263. 3.1.43 |
| | Rubis Balai. | 36458 | 2.2.65 | 255. 3.2.26 |
| | Rubis du Bréſil. | 35311 | 2.2.22 | 247. 2.6.47 |
| Topaze .. | Topaze Orientale. | 40106 | 2.4.57 | 280.11.6.70 |
| | Topaze - piſtache Orientale. | 40615 | 2.5. 4 | 284. 4.7. 3 |
| | Topaze du Bréſil. | 35365 | 2.2.24 | 247. 8.7. 3 |

## PIERRES PRÉCIEUSES.

| Noms des pierres précieuses. | Variétés. | Pesanteur spécifique. | Poids du pouce cube. | Poids du pied cube. |
|---|---|---|---|---|
| | | | on. gr. gr. | livres. on. g. gr. |
| Topaze.. | Topaze de Saxe. | 35640 | 2.2.35 | 249. 7.5.32 |
| | Topaze blanche de Saxe. | 35535 | 2.2.31 | 248.11.7.26 |
| Saphir... | Saphir Oriental. | 39941 | 2.4.51 | 279. 9.3.10 |
| | Saphir Oriental blanc. | 39911 | 2.4.50 | 279. 6.0.18 |
| | Saphir du Puy. | 40769 | 2.5.10 | 285. 6.1. 2 |
| | Saphir du Brésil. | 31307 | 2.0.17 | 219. 2.3. 5 |
| Girasol.. | ................. | 40000 | 2.4.53 | 280. 0.0. 0 |
| Jargon... | Jargon de Ceylan. | 44161 | 2.6.65 | 309. 2.0.18 |
| Hyacinth. | Hyacinthe commune. | 36873 | 2.3. 9 | 258. 1.5.22 |
| Vermeill. | ................. | 42299 | 2.5.67 | 296. 1.3.65 |
| Grenat.. | Grenat de Bohême. | 41888 | 2.5.52 | 293. 3.3.47 |
| | Grenat en cristal dodécaèdre. | 40627 | 2.5. 5 | 284. 6.1.57 |
| | Grenat en cristal à 24 faces, volcanisé. | 24684 | 1.4.58 | 172.12.4.62 |
| | Grenat Syrien. | 40000 | 2.4.53 | 280. 0.0. 0 |
| Emeraude | Emeraude du Pérou. | 27755 | 1.6.28 | 194. 4.4.35 |
| Chrysolite. | Chrysolite des Joailliers. | 27821 | 1.6.31 | 194.11.7.44 |
| | Chrysolite du Brésil. | 26923 | 1.5.69 | 188. 7.3. 1 |
| Aigue-marine. | Aigue-marine Orientale ou Béril. | 35489 | 2.2.29 | 248. 6.6.10 |
| | Aigue-marine Occidentale. | 27227 | 1.6. 8 | 190. 9.3.28 |

## PIERRES SILICEUSES.

| Noms des pierres filice.ses. | VARIÉTÉS. | Pefanteur fpécifique. | Poids du pouce cube. | Poids du pied cube. |
|---|---|---|---|---|
| | | | on. g. gr. | livres. on. g. gr. |
| Criftal de Roche. | Criftal de Roche limpide de Madagafcar. | 26530 | 1.5.54 | 185.11.2.64 |
| | Criftal de Roche du Bréfil. | 26526 | 1.5.54 | 185.10.7.21 |
| | Criftal de Roche gélatineux ou d'Europe. | 26548 | 1.5.55 | 185.13.3. 1 |
| Quartz.. | Quartz criftallifé. | 26546 | 1.5.55 | 185.13.1.16 |
| | Quartz en maffe. | 26471 | 1.5.52 | 185. 4.6. 1 |
| Grès.... | Grès des Paveurs. | 24158 | 1.4.38 | 169. 1.5.41 |
| | Grès des Rémouleurs. | 21429 | 1.3. 8 | 150. 0.0.28 |
| | Grès des Couteliers. | 21113 | 1.2.68 | 147.12.5.18 |
| | Grès luifant de Fontainebleau. | 25616 | 1.5.20 | 179. 4.7.67 |
| | Pierre à faux à grain moyen d'Auvergne. | 25638 | 1.5.21 | 179. 7.3.47 |
| | Pierre à faux de Lorraine. | 25298 | 1.5. 8 | 177. 1.3. 1 |
| Agathe.. | Agathe Orientale. | 25901 | 1.5.31 | 181. 4.7.21 |
| | Agathe Onix. | 26375 | 1.5.49 | 184.10.0. 0 |
| Calcédoi. | Calcédoine limpide. | 26640 | 1.5.59 | 186. 7.5.32 |
| Cornaline | ............... | 26137 | 1.5.40 | 182.15.2.54 |
| Sardoine. | Sardoine pure. | 26025 | 1.5.36 | 182. 2.6.39 |
| Prafe.... | ............... | 25805 | 1.5.27 | 180.10.1.20 |
| Pierre à fufil. | Pierre à fufil blonde. | 25941 | 1.5.32 | 181. 9.3.10 |
| | Pierre à fufil noirâtre | 25817 | 1.5.28 | 180.11.4. 2 |

## PIERRES SILICEUSES.

| Noms des pierres siliceuses. | VARIÉTÉS. | Pesanteur spécifique. | Poids du pouce cube. | Poids du pied cube. |
|---|---|---|---|---|
| | | | on. gr. gr. | livres. on. gr. gr. |
| Caillou.. { | Caillou Onix. | 26644 | 1.5.59 | 186. 8.1. 2 |
| | Caillou de Rennes. | 26538 | 1.5.55 | 185.12.2. 3 |
| Pierre meuliere. } | .................. | 24835 | 1.4.63 | 173.13.4.12 |
| Jade.... { | Jade blanc. | 29502 | 1.7.21 | 206. 8.1.57 |
| | Jade verd. | 29660 | 1.7.27 | 207. 9.7.26 |
| Jaspe.... { | Jaspe rouge. | 26512 | 1.5.58 | 186. 4.4.25 |
| | Jaspe brun. | 26911 | 1.5.69 | 188. 6.0.18 |
| | Jaspe jaune. | 27101 | 1.6. 4 | 189.11.2.36 |
| | Jaspe violet. | 27111 | 1.6. 4 | 189.12.3 33 |
| | Jaspe gris. | 27640 | 1.6.24 | 193. 7.5.32 |
| | Jaspe Onix ou rubanné. | 28160 | 1.6.43 | 197. 1.7.26 |
| Schorl... { | Schorl noir, prismatique hexaèdre. | 33636 | 2.1.32 | 235. 7.1.62 |
| | Schorl noir spathique. | 33852 | 2.1.40 | 236.15.3.28 |
| | Schorl noir en maffe, dit Basalte noir antique. | 29225 | 1.7.11 | 204. 9.1.43 |

## PIERRES ARGILEUSES OU ALUMINEUSES.

| Noms des pierres. | VARIÉTÉS. | Pesanteur spécifique. | Poids du pouce cube. | Poids du pied cube. |
|---|---|---|---|---|
| Serpentine { | Serpentine opaque verte d'Italie, dite Gabro des Florentins. | | | |
| | | | on. gr. gr. | livres. on. gr. gr. |
| | | 24295 | 1.4.42 | 170. 1.0.23 |

## PIERRES ARGILEUSES OU ALUMINEUSES.

| Noms des pierres. | VARIÉTÉS. | Pesanteur spécifique. | Poids du pouce cube. | Poids du pied cube. |
|---|---|---|---|---|
| | | | on. g. gr. | livres. on. g. gr. |
| Stéatite.. | Craie de Briançon grossière. | 27274 | 1.6.10 | 190.14.5.56 |
| | Craie d'Espagne. | 27902 | 1.6.34 | 195. 5.0.14 |
| | Pierre ollaire feuilletée du Dauphiné. | 27687 | 1.6.26 | 193.12.7.40 |
| | Pierre ollaire feuilletée de Suéde. | 28531 | 1.6.57 | 199.11.3.56 |
| Talc..... | Talc de Moscovie. | 27917 | 1.6.34 | 195. 6.5.46 |
| | Mica noir. | 29004 | 1.7. 3 | 203. 0.3.42 |
| Schiste... | Schiste commun. | 26718 | 1.5.61 | 187. 0.3.24 |
| | Ardoise neuve. | 28535 | 1.6.57 | 199.11.7.26 |
| | Pierre à rasoir blanche. | 28763 | 1.6.66 | 201. 5.3.47 |
| | Pierre à rasoir noire & blanche. | 31311 | 2.0.17 | 219. 2.6.47 |

## PIERRES CALCAIRES.

| Noms des pierres. | VARIÉTÉS. | Pesanteur spécifique. | Poids du pouce cube. | Poids du pied cube. |
|---|---|---|---|---|
| Spath calcaire. | Spath calcaire rhomboïdal dit Cristal d'Islande. | 2715 | 1.6. 6 | 190. 0.7.21 |
| | Spath calcaire pyramidal, dit Dent de cochon. | 27141 | 1.6. 5 | 189.15.6.24 |
| Albâtre.. | Albâtre Oriental blanc antique. | 27302 | 1.6.11 | 191. 2.6.42 |
| Marbres.. | Marbre campan vert | 27417 | 1.6.16 | 191.14.5.46 |
| | Marbre campan rouge. | 27242 | 1.6. 9 | 190.11.0.60 |
| | Marbre blanc de Carare. | 27168 | 1.6. 6 | 190. 2.6.38 |

## PIERRES CALCAIRES.

| Noms des pierres. | Variétés. | Pesanteur spécifique. | Poids du pouce cube. | Poids du pied cube. |
|---|---|---|---|---|
| | | | on. g. gr. | livres. on. g. gr. |
| Marbre. . { | Marbre blanc de Paros. | 28376 | 1.6.51 | 198.10.0.65 |
| | Pierre de S. Leu, de la carrière de S. Leu. | 16593 | 1.0.43 | 116. 2.3.24 |
| | Pierre de S. Leu, de la carrière de Notre-Dame. | 18094 | 1.1.28 | 126.10.4.16 |
| | Pierre de Vergelet, du plus gros grain. | 16542 | 1.0.42 | 115.12.5.46 |
| | Pierre d'Arcueil. | 20605 | 1.2.49 | 144. 3.6. 6 |
| Pierres calcaires à bâtir. | Pierre de Liais du fonds de Bagneux, de la carrière de Mad. Ricateau. | 20778 | 1.2.56 | 145. 7.1. 6 |
| | Pierre de Liais du fonds de Bagneux, de la carrière de M. Orry. | 23902 | 1.4.28 | 167. 5.0 1. |
| | Pierre des carrières de Bouré. | 13864 | 0.7.14 | 97. 1.6.10 |
| | Pierre de Paffy près Tonnerre. | 23340 | 1.4. 7 | 163. 6.0.46 |

### SPATHS.

| Noms des pierres. | Variétés. | Pesanteur spécifique. | Poids du pouce cube. | Poids du pied cube. |
|---|---|---|---|---|
| Spath pesant, ou Sulfate de baryte. } | Spath pesant blanc. | 44300 | 2.6.70 | 310. 1.4.58 |
| Spath fluor, ou Fluate de chaux. | Spath fluor blanc. | 31555 | 2.0.26 | 220.14.1.20 |
| | Spath fluor rouge. | 31911 | 2.0.39 | 223. 6.0.18 |
| | Spath fluor vert. | 31817 | 2.0.36 | 222.11.2.17 |
| | Spath fluor bleu. | 31688 | 2.0.31 | 221.13.0.32 |
| | Spath fluor violet. | 31757 | 2.0.34 | 222. 4.6.20 |

## Z É O L I T E.

| Noms des pierres. | VARIÉTÉS. | Pesanteur spécifique. | Poids du pouce cube. | Poids du pied cube. |
|---|---|---|---|---|
| | | | on. g. gr. | livres. on. g. gr |
| Zéolite... | Zéolite étincelante. rouge d'Œdelfors. | 24868 | 1.4.64 | 174. 1.1.52 |
| | Zéolite étincelante blanche. | 20379 | 1.2.54 | 145. 2.6.10 |
| | Zéolite cristallisée. | 20833 | 1.2.58 | 145.13.2.26 |

### PEISCHTEIN OU PIERRE DE POIX.

| Noms des pierres. | VARIÉTÉS. | Pesanteur spécifique. | Poids du pouce cube. | Poids du pied cube. |
|---|---|---|---|---|
| Pierres de poix. | Pierre de poix noire. | 20499 | 1.2.45 | 143. 7.7. 7 |
| | Pierre de poix jaune. | 20860 | 1.2.59 | 146. 0.2.40 |
| | Pierre de poix rouge. | 26695 | 1.5.61 | 186.13.6.52 |
| | Pierre de poix noirâtre. | 23191 | 1.4. 2 | 162. 5.3.10 |

### PIERRES MÉLANGÉES.

| Noms des pierres. | VARIÉTÉS. | Pesanteur spécifique. | Poids du pouce cube. | Poids du pied cube. |
|---|---|---|---|---|
| Porphire... | Porphire rouge. | 27651 | 1.6.24 | 193. 8.7.21 |
| | Porphire rouge du Dauphiné. | 27933 | 1.6.35 | 195. 8.3.70 |
| Serpentin. | Serpentin vert. | 28960 | 1.7. 1 | 202.11.4.12 |
| | Serpentin noir, dit variolite du Dauphiné. | 29339 | 1.7.15 | 205. 5.7.54 |
| | Serpentin vert du Dauphiné. | 29883 | 1.7.36 | 209. 2.7.12 |
| Ophite... | ..................... | 29722 | 1.7.30 | 208. 0.6.66 |
| Granitelle. | ..................... | 30626 | 1.7.63 | 214. 6.0.65 |
| Granit.... | Granit rouge d'Egypte. | 26541 | 1.5.55 | 185.12.4.53 |
| | Granit d'un beau rouge. | 27609 | 1.6.23 | 193. 4.1.48 |
| | Granit de la Vallée de Girardmas dans les Vosges. | 27163 | 1.6. 6 | 190. 2.2. 3 |

## PIERRES DE VOLCANS.

| Noms des pierres. | VARIÉTÉS. | Pesanteur spécifique. | Poids du pouce cube. | Poids du pied cube. |
|---|---|---|---|---|
| | | | on. gr. gr. | livres. on. gr. gr. |
| Pierres de volcans | Pierre-ponce. | 9145 | ».4.53 | 64. 0.1.66 |
| | Lave pleine de Volcans, dite *Pierre obsidienne*. | 23480 | 1.4.13 | 164. 5.6. 6 |
| | Pierre de Volvic. | 23205 | 1.4. 2 | 162. 6.7.49 |
| | Basalte de la chauffée des Géans, | 28642 | 1.6.61 | 200. 7.7.17 |
| | Basalte prismatique d'Auvergne. | 24215 | 1.4.40 | 169. 3.0.46 |
| | Basalte, dit *pierre de touche*. | 24153 | 1.4.38 | 169. 1.1. 6 |

## VITRIFICATIONS ARTIFICIELLES.

| Noms des pierres. | VARIÉTÉS. | Pesanteur spécifique. | Poids du pouce cube. | Poids du pied cube. |
|---|---|---|---|---|
| Verres... | Laitier des forges. | 28548 | 1.6.58 | 199.13.3. 1 |
| | Verre des bouteilles. | 27325 | 1.6.12 | 191. 4.3.14 |
| | Verre vert ou commun des vitres. | 26423 | 1.5.50 | 184.15.3. 1 |
| | Verre blanc ou cristal de France. | 28922 | 1.7. 0 | 202. 7.2. 8 |
| | Cristal des glaces de S. Gobin. | 24882 | 1.4.65 | 174. 2.6.20 |
| | Cristal d'Angleterre, dit *Flint-glass*. | 33293 | 2.1.19 | 233. 0.6.38 |
| | Verre de borax. | 26070 | 1.5.37 | 182. 7.6.52 |
| Porcelaines. | Porcelaine dure du Roi, ou de Sèves. | 21457 | 1.3. 9 | 150. 3.1.34 |
| | Porcelaine de Limoges. | 23410 | 1.4.10 | 163.13.7.26 |
| | Porcelaine de la Chine, | 23847 | 1.4.26 | 166.14.6.66 |

## MATIÈRES INFLAMMABLES.

| Noms des pierres. | Variétés. | Pesanteur spécifique. | Poids du pouce cube. | Poids du pied cube. |
|---|---|---|---|---|
| | | | on. g. gr. | livres. on. gr. gr. |
| Soufre... | { Soufre natif. | 20332 | 1.2.39 | 142. 5.1.34 |
| | Soufre fondu. | 19907 | 1.2.22 | 139. 5.3.56 |
| | | | | |
| | { Charbon de terre compacte. | 13292 | 0.6.64 | 93. 0.5.46 |
| Bitumes.. | Ambre gris. | 9263 | 0.4.58 | 64.13.3.47 |
| | { Ambre jaune ou Succin transparent. | 10780 | 0.5.42 | 75. 7.2.63 |

## TABLE des Pesanteurs spécifiques des Fluides.

### EAUX.

| ESPECES. | VARIÉTÉS. | Pesanteur spécifique. | Poids du pouce cube. | Poids du pied cube. |
|---|---|---|---|---|
| | | | on. g. grai. | livres. on. g. gr. |
| Eaux.... | Eau distillée. | 10000 | 0.5.13 $\frac{1}{3}$ | 70. 0.0. 0 |
| | Eau de pluie. | 10000 | 0.5.13 $\frac{1}{3}$ | 70. 0.0. 0 |
| | Eau de la Seine filtrée. | 10001,5 | 0.5.13,4 | 70. 0.1.25 |
| | Eau d'Arcueil. | 10004,6 | 0.5.13,5 | 70. 0.4. 9 |
| | Eau de Ville-d'Avray. | 10004,3 | 0.5.13,5 | 70. 0.3.61 |
| | Eau de mer. | 10263 | 0.5.23 | 71.13.3.47 |
| | Eau du lac Asphaltite, ou de la Mer morte. | 12403 | 0.6.31 | 86.13.1. 6 |

### LIQUEURS SPIRITUEUSES.

| ESPECES. | VARIÉTÉS. | Pesanteur spécifique. | Poids du pouce cube. | Poids du pied cube. |
|---|---|---|---|---|
| Vins.... | Vin de Bourgogne. | 9915 | 0.5.10 | 69. 6.3.60 |
| | Vin de Bordeaux. | 9939 | 0.5.11 | 69. 9.1.25 |
| | Vin de Malvoisie de Madère. | 10382 | 0.5.28 | 72.10.6.20 |
| | Bierre rouge. | 10338 | 0.5.26 | 72. 5.6.61 |
| | Bierre blanche. | 10231 | 0.5.22 | 71. 9.6.70 |
| | Cidre. | 10181 | 0.5.20 | 71. 4.2.13 |
| Esprit-de-Vin, ou alkool. | Alkool du commerce. | 8371 | 0.4.25 | 58. 9.3.30 |
| | Alkool très-rectifié. | 8293 | 0.4.22 | 58. 0.6.38 |

Alkool mêlé d'eau.

| Alkool. | Eau. | Pesanteur spécifique. | Poids du pouce cube. | Poids du pied cube. |
|---|---|---|---|---|
| parties. | parties. | | | |
| 15......... | 1... | 8527 | 0.4.30 | 59.11.0.14 |
| 14......... | 2... | 8674 | 0.4.36 | 60.11.4. 3 |
| 13......... | 3... | 8815 | 0.4.41 | 61.11.2.17 |
| 12......... | 4... | 8947 | 0.4.46 | 62.10.0.37 |
| 11......... | 5... | 9075 | 0.4.51 | 63. 8.3.14 |
| 10......... | 6... | 9199 | 0.4.55 | 64. 6.2.22 |
| 9......... | 7... | 8317 | 0.4.60 | 65. 3.4. 2 |

## L I Q U E U R S   S P I R I T U E U S E S.

| ESPECES. | VARIÉTÉS. | Pesanteur spécifique. | Poids du pouce cube. | Poids du pied cube. |
|---|---|---|---|---|
| | Alkool mélé d'eau. | | | |
| | *Alkool.*    *Eau.* | | on. g. gr. | livres. on. g. gr |
| | parties.    parties. | | | |
| Esprit de-vin, ou alkool. | 8 ......... 8 ... | 9427 | 0..4.64 | 65.15.6.43 |
| | 7 ......... 9 ... | 9519 | 0..4.67 | 66.10.1. 2 |
| | 6 .........10 ... | 9598 | 0..4.70 | 67. 2.7.58 |
| | 5 .........11 ... | 9674 | 0..5. 1 | 67.11.3.66 |
| | 4 .........12 ... | 9733 | 0..5. 3 | 68. 2.0.55 |
| | 3 .........13 ... | 9791 | 0..5. 6 | 68. 8.4.53 |
| | 2 .........14 ... | 9852 | 0..5. 8 | 68.15.3.28 |
| | 1 .........15 ... | 9919 | 0..5.10 | 69. 6.7.31 |
| Ethers... | Ether sulfurique. | 7396 | 0..3.60 | 51.12.2.59 |
| | Ether nitrique. | 9088 | 0..4.51 | 63. 9.6.61 |
| | Ether muriatique. | 7296 | 0..3.56 | 51. 1.1.16 |
| | Ether acétique. | 8664 | 0..4.35 | 60.10.2.68 |

## L I Q U E U R S   A C I D E S.

| ESPECES. | VARIÉTÉS. | Pesanteur spécifique. | Poids du pouce cube. | Poids du pied cube. |
|---|---|---|---|---|
| Acides minéraux. | Acide sulfurique. | 18409 | 1..1.39 | 128.13.6.33 |
| | Acide nitrique. | 12715 | »..6.43 | 89. 0.0.46 |
| | Acide muriatique. | 11940 | »..6.14 | 83. 9.2.17 |
| Acides végétaux. | Acide acéteux rouge. | 10251 | 0..5.23 | 71.12.0.65 |
| | Acide acéteux blanc. | 10135 | 0..5.18 | 70.15.0.69 |
| | Acide acéteux distilé. | 10095 | 0..5.17 | 70.10.5. 9 |
| | Acide acétique. | 10626 | 0..5.37 | 74. 6.0.65 |
| Acides animaux. | Acide formique. | 9942 | 0..5.11 | 60. 9.4. 2 |

## A L K A L I   V O L A T I L   O U   A M M O N I A Q U E.

| ESPECES. | VARIÉTÉS. | Pesanteur spécifique. | Poids du pouce cube. | Poids du pied cube. |
|---|---|---|---|---|
| Ammoniaque. | Ammoniaque en liqueur. | 8970 | 0..4.47 | 62.12.5. 9 |

## LIQUEURS HUILEUSES.

| ESPECES. | VARIÉTÉS. | Pesanteur spécifique. | Poids du pouce cube. | Poids du pied cube. |
|---|---|---|---|---|
| | | | onc. g. gr. | liv. on. g. gr. |
| Huiles volatiles, ou essentielles. | Huile essentielle de térébenthine. | 8697 | 0..4.37 | 60.14.0.37 |
| | Térébenthine liquide. | 9910 | 0..5.10 | 60. 5.7.26 |
| | Huile essentielle de Lavande. | 8938 | 0..4.46 | 62. 9.0.32 |
| | Huile essentielle de Gérofle. | 10363 | 0..5.27 | 72. 8.5.18 |
| | Huile essentielle de Canelle. | 10439 | 0..5.30 | 73. 1.1.25 |
| Huiles fixes, ou grasses. | Huile d'olives. | 9153 | 0..4.54 | 64. 1.1. 6 |
| | Huile d'amande douce. | 9170 | 0..4.54 | 64. 3.0.23 |
| | Huile de lin. | 9403 | 0..4.63 | 65.13.1. 6 |
| | Huile de pavot. | 9288 | 0..4.57 | 64.10.5.18 |
| | Huile de faîne. | 9176 | 0..4.55 | 64. 3.5.50 |
| | Huile de baleine. | 9233 | 0..4.57 | 64.10.0.55 |

## LIQUEURS ANIMALES.

| ESPECES. | VARIÉTÉS. | Pesanteur spécifique. | Poids du pouce cube. | Poids du pied cube. |
|---|---|---|---|---|
| Liqueurs animales. | Lait de femme. | 10103 | 0..5.21 | 71. 6.5.64 |
| | Lait de jument. | 10346 | 0..5.26 | 72. 6.6. 1 |
| | Lait d'ânesse. | 10355 | 0..5.27 | 72. 7.6. 6 |
| | Lait de chèvre. | 10341 | 0..5.26 | 72. 6.1.39 |
| | Lait de brebis. | 10409 | 0..5.29 | 72.13.6.33 |
| | Lait de vache. | 10324 | 0..5.25 | 72. 4.2.22 |
| | Petit-lait de vache clarifié. | 10193 | 0..5.20 | 71. 5.4.67 |
| | Urine humaine. | 10106 | 0..5.17 | 70. 1.6.70 |

**TABLE des Pesanteurs spécifiques de quelques substances végétales & animales.**

| ESPECES. | VARIÉTÉS. | Pesanteur spécifique. | Poids du pouce cube. | Poids du pied cube. |
|---|---|---|---|---|
| | | | onc. g. gr. | livres. on. g. gr. |
| Résine... | Résine jaune ou blanche du pin. | 10727 | 5.40 | 75. 1.3.28 |
| | Arcançon. | 10857 | 5.45 | 75.15.7.63 |
| | Galipot. | 10819 | 5.54 | 75.11.5.59 |
| | Baras. | 10441 | 5.30 | 73. 1.3.10 |
| | Sandaraque. | 10920 | 5.48 | 76. 7.0.23 |
| | Mastic. | 10742 | 5.41 | 75. 3.0.60 |
| | Storax. | 11098 | 5.54 | 77.10.7.58 |
| | Résine ou gomme copale opaque. | 11398 | 5.28 | 72.12.4.44 |
| | Gomme copale transparente. | 10452 | 5.30 | 73. 2.4.71 |
| | Gomme copale de Madagascar. | 10600 | 5.36 | 74. 3.1.43 |
| | Gomme copale de la Chine. | 10628 | 5.37 | 74. 6.2.50 |
| | Résine ou Gomme Elémi. | 10182 | 5.20 | 71. 4.3. 5 |
| | Résine ou gomme animée d'Orient. | 10284 | 5.24 | 71.15.6.33 |
| | Résine ou gomme animée d'Occident. | 10426 | 5.29 | 72.15.5.50 |
| | Laudanum. | 11862 | 6.11 | 83. 0.4.25 |
| | Laudanum in tortis. | 24933 | 1.4.67 | 174. 8.3.70 |
| | Résine ou gomme de gayac. | 12289 | 6.27 | 86. 0.2.68 |
| | Résine de jalap. | 12185 | 6.23 | 85. 4.5.55 |
| | Sang-dragon. | 12045 | 6.18 | 84. 5.0.23 |
| | Résine ou gomme-laque. | 11390 | 5.65 | 79.11.5.32 |
| | Résine tacamaque. | 10463 | 5.31 | 73. 3.6.61 |
| | Benjoin. | 10924 | 5.48 | 76. 7.3.65 |
| | Résine ou gomme alouchi. | 10604 | 5.36 | 74. 3.5 13 |

| ESPÈCES. | VARIÉTÉS. | Pesanteur spécifique. | Poids du pouce cube. | Poids du pied cube. |
|---|---|---|---|---|
| | | | onc. g. gr. | livres. on. g. g. |
| Résines.. | Résine ou gomme caragne. | 11244 | 5.60 | 78.11.2.45 |
| | Résine ou gomme élastique. | 9335 | 4.61 | 65. 5.4.12 |
| | Camphre. | 9887 | 5. 9 | 69. 3.2.54 |
| Gommes-résines. | Gomme ammoniaque. | 12071 | 6.19 | 84. 7.7.44 |
| | Gomme séraphique. | 12008 | 6.16 | 84. 0.7.12 |
| | Gomme de lierre, ou hédérée. | 12948 | 6.51 | 90.10.1.29 |
| | Gomme gutte. | 12216 | 6.24 | 85. 8.1.39 |
| | Euphorbe. | 11244 | 5.60 | 78.11.2.45 |
| | Oliban ou encens. | 11732 | 6. . | 82. 1.7.63 |
| | Mirrhe. | 1360. | 7 . | 95. 3.1.43 |
| | Bdelium. | 13717 | 5 6. | 79.10.1.57 |
| | Scammonée d'Alep. | 12354 | 6.2. | 86. 7.5.13 |
| | Scammonée de Smyrne. | 12743 | 6.4. | 39. 3 1.52 |
| | Galbanum. | 12110 | 6.2. | 84.13.3.37 |
| | Assa fœtida. | 13275 | 6.6. | 92.14.6.29 |
| | Sarcocolle. | 12684 | 6.42 | 88.12.4.62 |
| | Opopanax. | 16226 | 1.0.30 | 113. 9.2.36 |
| Gommes. | Gomme commune, ou de Païs. | 14817 | 0.7.49 | 103.11.4. 2 |
| | Gomme arabique. | 14523 | 7.38 | 101.10.4.44 |
| | Gomme adraganthe. | 13161 | 6 5. | 92. 2.0.18 |
| | Gomme de Bassora. | 14246 | 7.32 | 100. 6.6. 1 |
| | Gomme d'Acajou. | 14456 | 7.36 | 101. 3.0.41 |
| | Gomme monbain. | 14206 | 7.26 | 99. 7.0.41 |
| Sucs épaissis. | Suc de réglisse. | 17228 | 1.0.67 | 120. 9.4.21 |
| | Suc d'acacia. | 15153 | 7.62 | 106. 1.1. 6 |
| | Suc d'arec. | 14573 | 7.40 | 102. 0.1.29 |
| | Cachou. | 13986 | 7.18 | 97.13.6. 6 |
| | Aloès hépatique. | 13556 | 7. 3 | 95. 1.5. 4 |
| | Aloès socotrin. | 13795 | 7.11 | 96. 9.0.23 |

| Especes. | Variétés. | Pesanteur spécifique. | Poids du pouce cube. | Poids du pied cube. |
|---|---|---|---|---|
| | | | on. g. gr. | livres. on. g. gr. |
| Sucs épaissis. | Hypociste. | 15263 | 7.66 | 106.13.3.47 |
| | Opium. | 13366 | 6.67 | 93. 8.7. 3 |
| Fécules. . | Indigo. | 7690 | 0.3.71 | 53.13.2.17 |
| | Roucou. | 5956 | 0.3. 6 | 41.11.0.41 |
| Cires & graisses. | Cire jaune. | 9648 | 5.  0 | 67. 8.4.44 |
| | Cire blanche. | 9686 | 5. 2 | 67.12.6.47 |
| | Cire d'ouarouchi. | 8970 | 4.47 | 62.12.5. 9 |
| | Beurre de cacao. | 8916 | 4.45 | 62. 6.4.53 |
| | Blanc de baleine. | 9433 | 4.64 | 66. 0.3.70 |
| | Graisse de bœuf. | 9232 | 4.57 | 64. 9.7.63 |
| | Graisse de veau. | 9341 | 4.61 | 65. 6.1.39 |
| | Graisse de mouton. | 9235 | 4.57 | 64.10.2.40 |
| | Suif. | 9419 | 4.64 | 65.14.7.31 |
| | Graisse de cochon. | 9368 | 4.62 | 65. 9.1.52 |
| | Lard. | 9478 | 4.66 | 66. 5.4.21 |
| | Beurre. | 9423 | 4.64 | 65.15.3. 1 |
| Bois. . . . . | Chêne de 60 ans : le cœur. | 11700 | 6. 5 | 81.14.3.14 |
| | Liege. | 2400 | 1.18 | 16.12.6.29 |
| | Orme : le tronc. | 6710 | 3.35 | 46.15.4.12 |
| | Fresne : le tronc. | 8450 | 4.27 | 59. 2.3.14 |
| | Hêtre. | 8520 | 4.30 | 59.10...66 |
| | Aune. | 8000 | 4.11 | 56. 0 0. 0 |
| | Erable. | 7550 | 3.66 | 52.13.4.58 |
| | Noyer de France. | 6710 | 3.35 | 46.15.4.12 |
| | Saule. | 5850 | 3. 2 | 40.15.1.43 |
| | Tilleul. | 6040 | 3. 9 | 42. 4.3.60 |
| | Sapin mâle. | 5500 | 2.61 | 38. 8.0. 0 |
| | Sapin femelle. | 4980 | 2.42 | 34.13 6. 6 |
| | Peuplier. | 3830 | 1.71 | 26.12.7.49 |
| | Peuplier blanc d'Espagne. | 5294 | 2.54 | 37. 0.7.31 |
| | Pommier. | 7930 | 4. 8 | 55. 8.1.20 |
| | Poirier. | 6610 | 3.31 | 46. 4.2.40 |

| ESPECES. | VARIÉTÉS. | Pesan-teur spé-cifique. | Poids du pouce cube. | Poids du pied cube. | | |
|---|---|---|---|---|---|---|
| | | | g. gr. | livres. on g. g. | | |
| | Coignassier. | 7050 | 3.47 | 49. 5 4.58 | | |
| | Nefflier. | 9440 | 4.64 | 66. 1.2.17 | | |
| | Prunier. | 7850 | 4. 5 | 54.15.1.43 | | |
| | Olivier. | 9270 | 4.58 | 64.14.1.66 | | |
| | Cerisier. | 7150 | 3.51 | 50. 0.6.29 | | |
| | Coudrier ou noisetier. | 6000 | 3. 8 | 42. 0.0. 0 | | |
| Bois... | Buis de France. | 9120 | 4.52 | 63.13.3.37 | | |
| | Buis de Hollande. | 13280 | 6.64 | 92.15.2.63 | | |
| | If de Hollande. | 7880 | 4. 6 | 55. 2.4.35 | | |
| | If d'Espagne. | 8070 | 4.13 | 56. 7.6.52 | | |
| | Cyprès d'Espagne. | 6440 | 3.24 | 45. 1.2.17 | | |
| | Thuya. | 5608 | 2.65 | 39. 4.0.55 | | |
| | Grenadier. | 13540 | 7. 1 | 94.12.3.60 | | |
| | Mûrier d'Espagne. | 8970 | 4.47 | 62.12.5. 9 | | |
| | Gayac. | 13330 | 6.66 | 93. 4 7.49 | | |
| | Oranger. | 7050 | 3.47 | 49. 5.4.58 | | |

# TABLE
## DES MATIERES.

*Les deux Volumes font défignés par I & II.*

## A

Acides. Ils réfultent en général d'un premier ordre de combinaifons formées par la réunion de deux principes fimples, I. 163.-Savoir, d'un radical particulier & d'un principe acidifiant commun à tous, l'oxygène, 69.-C'eft, en général, le réfultat de la combuftion ou de l'oxygénation d'un corps, 70.-Leurs dénominations générales fe tirent de celle de leur bafe acidifiable, 72.-Difficultés de les nommer lorfque les bafes font inconnues, 71 & 73.- Leurs noms fe terminent en *eux*, lorfqu'ils contiennent peu d'oxygène, 72. Ils fe terminent en *ique*, lorfqu'ils font plus chargés de ce principe, *ibid.*-Ils peuvent être regardés comme de véritables principes falifians, 163.-Leurs combinaifons avec les bafes falifiables, 189.- Leur nombre s'eft beaucoup accru depuis les nouvelles découvertes chimiques, 209.

Chaque acide nouveau enrichit la Chimie de 24 ou de 48 fels, 183.

Acide acéteux, vulgairement appelé vinaigre, I. 159.-Son radical eft compofé d'une proportion encore indéterminée d'hydrogène & de carbone, 159 & 160.-Il eft le réfultat de l'oxygénation du vin, *ibid.*-Il abforbe l'oxygène de l'air en fe formant, *ibid.*-Tableau de fes combinaifons, 160.

—Acétique. Tableau de fes combinaifons, I. 298.-Appelé autrefois vinaigre radical. Dernier degré d'oxygénation, que puiffe prendre le radical hydro-carboneux.-Il n'eft pas encore démontré qu'il foit plus oxygéné que l'acide acéteux ; il pourroit en différer par la différence de proportion des principes du radical.-Moyens de l'obtenir, 299.

—Animaux. On n'en connoît encore que fix, I. 131.-Il paroit qu'ils fe rapprochent beaucoup les uns des autres,

précifion rigoureufe , 98.

DÉTONNATION. Explication de fes phénomènes, II. 204 & *fuiv.* - Ils font produits par le paffage brufque & inftantané d'une fubftance concrète à l'état aériforme, 203. - Expériences fur celle du falpêtre, 207 & *fuiv.*

DIAMANT, fe brûle à la manière des corps combuftibles, & s'évapore au feu alimenté par le gaz oxygène, II. 235.

DISSOLUTIONS métalliques. Appareils pour les opérer, II. 138 & *fuiv.*

DISTILLATION compofée. Elle opère une véritable décompofition. - C'eft une des opérations des plus compliquées de la Chimie. - Appareils pour cet objet, II. 127 *& fuiv.*
— Simple. N'eft autre chofe qu'une évaporation en vaiffeaux clos. - Appareils diftillatoires, 121 & *fuiv.*

# E

EAU. Ses différens états felon la quantité de calorique qui lui eft combinée, I. 4 & 54. Se transforme en un fluide élaftique à un degré de chaleur fupérieur à celui de l'ébullition , 15. - Se diffout dans les gaz, 50. - Regardée par les anciens comme un élément ou fubftance fimple , 87. - Preuves qu'elle eft compofée, 100. - D'un radical qui lui eft propre & d'oxygène , 94. - Son paffage à travers un tube de verre incandefcent , 89. Appareil pour fa décompofition, II. 143 & *fuiv.* - Sa décompofition, par le carbone, I. 87 & 90. - Sa décompofition par le fer ; il n'y a pas de dégagement d'acide carbonique, 87, 91 & 98. - Oxide de fer qui en réfulte, 93. Phénomènes de la fermentation fpiritueufe & de la putréfaction dus à la décompofition de l'eau, 101. - Cette décompofition s'opère continuellement dans la nature, 100. - Les principes qui la conftituent féparés l'un de l'autre ne peuvent exifter que fous forme de gaz , *ibid.* - Sa recompofition, 95 & *fuiv.* II. 184 & *fuiv.* - I. 85. Parties en poids d'oxygène & 15 en poids d'hydrogène, compofent 100 parties d'eau, 100. - Se combine avec le gaz acide carbonique, 67. - Se combine en toutes proportions avec l'acide fulfurique , *ibid.* - Avec l'acide muriatique très-facilement, 75. - N'eft pas toute formée dans le fucre , 150.

EAU régale. Nom ancien donné à un acide compofé qui diffout l'or , I. 124. Voyez *Acide nitro-muriatique.*

EBULLITION, n'eft autre chofe que la vaporifation d'un fluide ou fa combinaifon

# F

# H

## I

changement de tempéra-
ture, 131.

OXIDES métalliques. Combinaifons de l'oxygène avec les
métaux, I. 82. - Les anciens
Chimiftes les confondoient
fous le nom de chaux, avec
un grand nombre de fubf-
tances de nature très-diffé-
rente, 84. - On les fpé-
cifie par leur couleur qui
varie en raifon de la quantité plus ou moins grande
d'oxygène qu'ils contien-
nent, 85. - Brûlent avec
flamme au feu alimenté par
le gaz oxygène, II. 234. -
Réflexions fur ce phénomène, *ibid.*

—Végétaux. Leur nomencla-
ture, I. 128 *& fuiv.* - Se
décompofent à un degré de
chaleur fupérieur à l'eau
bouillante ; le calorique
rompt l'équilibre qui exiftoit entre les parties qui les
conftituoient, 130. - Comment ils different entr'eux,
210. - Leur décompofition
par la fermentation vineufe,
139.

-- Rouge de mercure. L'oxygène y tient très-peu. Moyens
d'oxider les corps à une
chaleur médiocre, I. 206.

OXYGÉNATION. Combinaifon
d'un corps avec l'oxygène,
I. 66.

OXYGÈNE, a une grande affinité pour la lumière. - Elle
contribue avec le calorique
à le conftituer dans l'état
de gaz, I. 201. - Dans cet
état il forme la partie refpirable de l'air, 54. - Il entre pour un tiers dans le
poids de notre atmofphère ;
l'azote conftitue les deux
autres tiers, 203. - Abandonne le calorique pour s'u-
nir à l'hydrogène dans la
combuftion, 95. - C'eft
le principe acidifiant de
tous les acides, 69. - Un
premier degré de combinaifon de ce principe avec l'a-
zote forme le gaz nitreux,
80. - Un fecond degré
conftitue l'acide nitreux,
*ibid.* - Un troifieme conftitue l'acide nitrique, 214.
Ses combinaifons avec les
fubftances fimples fe nomment binaires, ternaires,
quaternaires, felon le nombre de ces fubftances, 207.
Tableau de fes combinaifons
binaires avec les fubftances
fimples métalliques & non
métalliques, 203. - Se dégage pendant la décompofition du nitre par l'acide fulfurique, 78. - Il tient peu
à l'acide nitrique, 207.
Condition néceffaire pour
fa combinaifon, 203 *& fuiv.*
Il eft le moyen d'union entre les métaux & les acides,
179. - Tout porte à croire
que les fubftances qui ont
une grande affinité avec les
acides contiennent de l'oxygène, 179. - Et qu'il entre
dans la compofition des terres regardées comme fim-
ples, 180. -- Quantité

qu'elles ont été préalablement oxidées, 178. - Se dissolvent fans effervefcence dans l'acide muriatique oxygéné, *ibid.* - Dans l'acide fulfureux, 245.-Celles qui font trop oxygénées s'y diffolvent & forment des fulfates métalliques, *ibid.*- Décompofent toutes le gaz oxygène, excepté l'or & l'argent, 82, 203 *& fuiv.* Elles s'oxident & perdent leur éclat métallique, 83. Pendant cette opération elles augmentent de poids à proportion de l'oxygène qu'elles abforbent, *ibid.* - Les anciens donnoient improprement le nom de chaux aux métaux calcinés ou oxides métalliques, 83.-Appareils pour accélérer l'oxidation, II. 192 *& fuiv.*-N'ont pas toutes le même degré d'affinité pour l'oxygène, 191. Lorfqu'on ne peut en féparer l'oxygène, elles demeurent conflamment dans l'état d'oxides & fe confondent pour nous avec les terres, I. 174.-Décompofent l'acide fulfurique en lui enlevant une portion de fon oxygène, & alors elles s'y diffolvent, 242. - Leurs combinaifons les unes avec les autres, 230. Les alliages qui en réfultent font plus caffans que les métaux alliés, 116.-C'eft à leurs différens degrés de fufibilité que font dus une partie des phénomènes que pré-

fentent ces combinaifons, 117.-Brûlent avec flamme colorée & fe diffipent entièrement au feu alimenté par le gaz oxygène, II. 234.-Toutes, excepté le mercure, s'y oxident fur un charbon, *ibid.*
SUBSTANCES falines fe volatilifent au feu alimenté par le gaz oxygène, II. 234.
—Simples. Leur définition. Ce font celles que la chimie n'a pas encore pu parvenir à décompofer, I. 193 *& fuiv.* Leur tableau, 192. - Leurs combinaifons avec le foufre, 221. - Avec le phofphore, 223. - Avec le carbone, 217. - Avec l'hydrogène, 217. - Avec l'azote, 213.
—Végétales. Leurs principes conftitutifs font l'hydrogène & le carbone, I. 132.-Contiennent quelquefois du phofphore & de l'azote, 136. Manière d'envifager leur compofition & leur décompofition, 132. - Leur décompofition fe fait en vertu d'affinités doubles & triples, 135. Tous les principes qui les compofent font en équilibre entr'eux au degré de température dans lequel nous vivons, 133. - Leur diftillation fournit la preuve de cette théorie, 135. A un degré peu fupérieur à l'eau bouillante, une partie du carbone devient libre, 134.-L'hydrogène & l'oxygène fe réuniffent pour former de l'eau, *ibid.*-Une

portion d'hydrogène & de carbone s'uniſſent & forment de l'huile volatile, *ibid.* - A une chaleur rouge l'huile formée ſeroit décompoſée, 135. - L'oxygène alors s'unit au carbone avec lequel il a plus d'affinité à ce degré, 134. - L'hydrogène s'échappe ſous la forme de gaz en s'uniſſant au calorique, *ibid.*

*Fin de la Table des Matières.*

# EXTRAIT *des Regiſtres de l'Académie des Sciences.*

## Du 4 Février 1789.

L'ACADÉMIE nous a chargés, M. d'Arcet & moi de lui rendre compte d'un Traité élémentaire de Chimie, que lui a préſenté M. Lavoiſier.

Ce Traité eſt diviſé en trois parties : la première a principalement pour objet, la formation des fluides aëriformes & leur décompoſition, la combuſtion des corps ſimples, & la formation des acides.

Les molécules des corps peuvent être conſidérées comme obéiſſant à deux forces, l'une répulſive, l'autre attractive. Pendant que la dernière de ces forces l'emporte, le corps demeure dans l'état ſolide ; ſi, au contraire, l'attraction eſt plus foible, les parties du corps perdent l'adhérence qu'elles avoient entr'elles, & il ceſſe d'être un ſolide.

La force répulſive eſt due au fluide très-ſubtil qui s'inſinue à travers les molécules de tous les corps, & qui les écarte ; cette ſubſtance, quelle qu'elle ſoit, étant la cauſe de la chaleur, ou, en d'autres termes, la ſenſation que nous appelons chaleur, étant l'effet de l'accumulation de cette ſubſtance, on ne peut pas, dans un langage rigoureux, la déſigner par le nom de chaleur, parce que la même dénomination ne peut pas exprimer la cauſe & l'effet ; c'eſt ce qui a déterminé M. Lavoiſier, avec les autres Auteurs de la Nomenclature chimique, à la déſigner ſous le nom de calorique.

Nous nous contenterons, dans ce rapport, d'employer la nomenclature adoptée par M. Lavoiſier ; mais dans le cours de ſon ouvrage, après avoir établi, par les expériences les plus exactes, les faits qui doivent ſervir de baſe aux connoiſſances chimiques, il a toujours ſoin de juſtifier la nomenclature dont il fait uſage, & de ſuivre les rapports qui doivent ſe trouver entre les dées & les mots qui les repréſentent.

S'il n'exiſtoit que la force attractive des molécules de
la matière, & la force répulſive du calorique, les corps
paſſeroient bruſquement de l'état de ſolide à celui de
fluide aëriforme; mais une troiſième force, la preſſion
de l'atmoſphère, met obſtacle à cet écartement, & c'eſt
à cet obſtacle qu'eſt due l'exiſtence des fluides. M. Lavoiſier établit, par pluſieurs expériences, quel eſt le degré
de preſſion qui eſt néceſſaire pour contenir différentes
ſubſtances dans l'état liquide, & quel eſt le degré de
chaleur néceſſaire pour vaincre cette réſiſtance. Mais
il y a un certain nombre de ſubſtances qui, à la
preſſion de notre atmoſphère & au degré de froid connu,
n'abandonnent jamais l'état de fluide aëriforme; ce ſont
celles-là qu'on déſigne ſous le nom de gaz.

Puiſque les molécules de tous les corps de la nature
ſont dans un état d'équilibre entre l'attraction, qui tend à
les rapprocher & à les réunir, & les efforts du calorique,
qui tend à les écarter, non-ſeulement le calorique environne de toutes parts les corps, mais encore il remplit
les intervalles que leurs molécules laiſſent entr'elles,
& comme c'eſt un fluide extrémement compreſſible, il
s'y accumule, il s'y reſſerre & s'y combine en partie.
De ces conſidérations, M. Lavoiſier déduit l'explication
de ce qu'on doit entendre par le calorique libre, le
calorique combiné, la capacité de calorique, la chaleur
abſolue, la chaleur latente, la chaleur ſenſible. On
pourroit lui reprocher d'avoir inſiſté trop peu ſur la propriété élaſtique & compreſſible du calorique, & de-là
réſulte une différence entre ſes principes & la théorie de
M. Black, ſur la capacité de chaleur, mais en écartant cette conſidération, les idées de M. Lavoiſier ont
acquis l'avantage d'avoir plus de clarté.

Après ces principes généraux, M. Lavoiſier décrit
le moyen qu'a imaginé M. de la Place pour déterminer
par la quantité de glace fondue, celle du calorique
qui s'eſt dégagé au milieu de cette glace, d'un corps
qui étoit élevé à une certaine température, ou d'une
combinaiſon qui s'y eſt formée. Il paſſe enſuite à des
vues générales ſur la formation & la conſtitution de

l'atmosphère de la terre, non-seulement en la considérant dans l'état où elle se trouve, mais encore dans différens états hypothétiques.

Notre atmosphère est formée de toutes les substances susceptibles de demeurer dans l'état aériforme au degré habituel de température & de pression que nous éprouvons. Il étoit bien important de déterminer quel est le nombre & quelle est la nature des fluides élastiques qui composent cette couche inférieure que nous habitons. On sait que les connoissances que nous avons acquises sur cet objet, font la gloire de la Chimie moderne; que non-seulement on a analysé ces fluides, mais qu'on a encore appris à connoître une foule de combinaisons qu'ils formoient avec les substances terrestres, & que par-là le vide immense que les anciens Chimistes cherchoient à déguiser par quelques suppositions, a été comblé pour la plus grande partie. Il est bien intéressant de voir celui qui a le plus contribué à nous procurer ces connoissances nouvelles, en tracer lui-même le tableau, rapprocher les résultats des expériences qui ont fait l'objet d'un grand nombre de ses Mémoires, perfectionner ces expériences & tous les appareils qu'il a fallu imaginer; mais il n'est pas possible de suivre dans un extrait les descriptions que M. Lavoisier présente avec beaucoup de concision, sur l'analyse de l'air de l'atmosphère, la décomposition du gaz oxygène par le soufre, le phosphore & le charbon, sur la formation des acides en général, la décomposition du gaz oxygène par les métaux, la formation des oxides métalliques, le principe radical de l'eau, sa décomposition par le charbon & par le fer, la quantité de calorique qui se dégage des différentes espèces de combustion, & la formation de l'acide nitrique.

Après tous ces objets, M. Lavoisier examine la combinaison des substances combustibles les unes avec les autres.

Le soufre, le phosphore, le charbon ont la propriété de s'unir avec les métaux, & de-là naissent les combinaisons que M. Lavoisier désigne sous le nom de sulfures, phosphures & carbures.

L'hydrogène peut aussi se combiner avec un grand nombre de substances combustibles; dans l'état de gaz, il dissout le carbone ou charbon pur, le soufre, le phosphore, & de-là viennent les différentes espèces de gaz inflammable.

Lorsque l'hydrogène & le carbone s'unissent ensemble, sans que l'hydrogène ait été porté à l'état de gaz par le calorique, il en résulte, selon M. Lavoisier, cette combinaison particuliere qui est connue sous le nom d'huile, & cette huile est fixe ou volatile, selon les proportions de l'hydrogène & du carbone. Il a exposé dans les Mémoires de 1784, les expériences qui l'ont conduit à cette opinion.

Cependant il nous paroît que cette opinion n'est pas à l'abri des objections, nous nous contenterons d'en proposer une. Toutes les huiles donnent un peu d'eau & un peu d'acide lorsqu'on les distille, & en réitérant les distillations, on peut les réduire entièrement en eau, en acide, en charbon, en gaz carbonique & en gaz hydrogène carboné. Cet acide & cette eau qu'on retire dans chaque opération, n'annoncent-ils pas qu'il entroit de l'oxygène dans la composition de l'huile; car il est facile de prouver que l'air qui est contenu dans les vaisseaux qui servent à la distillation, n'a pas pu contribuer d'une manière sensible à leur production?

Il falloit d'abord examiner les phénomènes que présente l'oxygénation des quatre substances combustibles simples, le phosphore, le soufre, le carbone & l'hydrogène; mais ces substances, en se combinant les unes avec les autres, ont formé des corps combustibles composés, tels que les huiles, dont l'oxygénation doit présenter d'autres résultats. Selon M. Lavoisier, il existe des acides & des oxides à base double & triple: il donne en général le nom d'oxide à toutes les substances qui ne sont pas assez oxygénées pour prendre le caractère acide. Tous les acides du règne végétal ont pour base l'hydrogène & le carbone, quelquefois l'hydrogène, le carbone & le phosphore. Les acides & oxides du règne animal sont encore plus composés; il entre dans la compofition de la plupart quatre bafes acidifiables, l'hydrogène, le carbone, le pholphore & l'azote. M. Lavoifier tâche de rendre raifon par ces principes très-fimples, de la nature & de la différence des acides végétaux & des autres fubftances d'une nature végétale & d'une nature animale; il ne feroit pas jufte dans ce moment de juger avec févérité ces apperçus ingénieux, parce que l'Auteur fe propofe de les développer dans des Mémoires particuliers.

L'hydrogène, l'oxygène & le carbone font des principes communs à tous les végétaux, & pour cette raifon, M. Lavoifier les appelle primitifs. Ces principes, en raifon de la quantité de calorique avec lequel ils fe trouvent combinés dans les végétaux, font tous à peu-près en équilibre à la température dans laquelle nous vivons; ainfi les végétaux ne contiennent ni huile, ni eau, ni acide carbonique, & feulement les élémens de toutes ces fubftances; mais un changement léger dans la température fuffit pour renverfer cet ordre de combinaifon. L'hydrogène & l'oxygène s'uniffent plus intimement & forment de l'eau qui paffe dans la diftillation; une portion de l'hydrogène & une portion du carbone fe réuniffent enfemble pour former de l'huile volatile, une autre partie du carbone devient libre & refte dans la cornue. Dans les fubftances animales, l'azote, qui eft un de leurs principes primitifs, s'unit à une portion d'hydrogène pour former l'alkali volatil. M. Lavoifier donne des explications analogues à celles que nous venons d'indiquer, des phénomènes & des produits de la fermentation vineufe, & de la putréfaction.

Il y a un grand rapport entre ces dernieres idées de M. Lavoifier & celles que M. Higgins a expofées dans un traité fur l'acide acéteux, la diftillation, la fermentation, &c. qu'il a publié en 1786, & dans lequel il admet la formation de l'eau & des huiles par l'action de la chaleur; mais n'ayant pas diftingué le gaz hydrogène qu'il appelle phlogiftique (ce qui eft tout-à-fait indifférent), du charbon & de leur combinaifon, il n'a pu déterminer les effets de la chaleur & de la fermentation avec autant d'exactitude que M. Lavoifier.

Les fubftances acidifiables, en s'uniffant avec l'oxygène & en fe convertiffant en acides, acquièrent une
grande tendance à la combinaifon : elles deviennent propres à s'unir avec des fubftances terreufes & métalliques.
Mais une circonftance remarquable diftingue ces deux
efpèces de combinaifon ; c'eft que les métaux ne peuvent contracter d'union avec les acides que par l'intermède de l'oxygène, de manière qu'il faut qu'ils foient
réduits en oxides, ou qu'ils décompofent l'eau dont
ils dégagent alors le gaz hydrogène, ou qu'ils trouvent de l'oxygène dans l'acide, & c'eft ainfi qu'ils forment
du gaz nitreux avec l'acide nitrique.

La confidération des phénomènes qui accompagnent
les diffolutions, conduit M. Lavoifier à celle des bafes
alkalines, des terres & des métaux, & à déterminer le
nombre des fels qui peuvent réfulter de la combinaifon
de ces différentes bafes avec tous les acides connus.

Dans la feconde partie de fon ouvrage, M. Lavoifier
préfente fucceffivement le tableau des fubftances fimples,
ou plutôt de celles que l'état actuel de nos connoiffances
nous oblige à confidérer comme telles, celui des radicaux
ou bafes oxidables & acidifiables, compofées de la réunion de plufieurs fubftances fimples   ceux des combinaifons de l'azote, de l'hydrogène, du carbone, du foufre
& du phofphore, avec des fubftances fimples, & enfin
ceux des combinaifons de tous les acides connus, avec
les différentes bafes. Chaque tableau eft accompagné
d'une explication fur la nature & les préparations de
la fubftance qui en eft l'objet, & fur fes principales
combinaifons.

M. Lavoifier a réuni, dans la troifième partie de fon
ouvrage, la defcription fommaire de tous les appareils
& de toutes les opérations manuelles qui ont rapport à
la Chimie élémentaire. Les détails indifpenfables dans
lefquels il faut entrer, auroient interrompu la marche des
idées rapides qu'il a préfentées dans les deux premières
parties, & en auroient rendu la lecture fatigante.

Cette defcription eft d'autant plus précieufe, que non-
feulement elle eft faite avec beaucoup de méthode &

de clarté, mais encore qu'elle a particulièrement pour objet les appareils relatifs à la Chimie moderne, dont plufieurs font dûs à M. Lavoifier lui-même, & qui, en général, font encore peu connus, même de ceux qui font une étude particulière de la Chimie ; mais il est impoffible de tracer une efquiffe de ces defcriptions, & nous fommes obligés de nous borner à l'énumération des chapitres dans lefquels elles font claffées.

Le chapitre premier traite des inftrumens propres à déterminer le poids abfolu & la pefanteur fpécifique des corps folides & liquides.

Le fecond eft deftiné à la gazométrie, ou à la mefure du poids & du volume des fubftances aériformes.

Le chapitre troifième contient la defcription des opérations purement mécaniques, qui ont pour objet de divifer les corps, telles que la trituration, la porphirifation, le tamifage, la filtration, &c.

M. Lavoifier décrit, dans le chapitre cinquième, les moyens que la Chimie emploie pour écarter les unes des autres les molécules des corps fans les décompofer, & réciproquement pour les réunir, ce qui comprend la folution des fels, leur lexiviation, leur évaporation, leur criftallifation, & les appareils diftillatoires.

Les diftillations pneumato-chimiques, les diffolutions métalliques, & quelques autres opérations qui exigent des appareils très-compliqués, font l'objet du fixième chapitre.

Le chapitre feptième contient la defcription des opérations relatives à la combuftion & à la détonation. Les appareils qui font décrits dans ce chapitre font entièrement nouveaux.

Enfin le chapitre huitième eft deftiné aux inftrumens néceffaires pour opérer fur les corps à de très-hautes températures.

Toutes ces defcriptions font rendues fenfibles par un grand nombre de planches qui préfentent tous les détails qu'on peut defirer, & qui font gravées avec beaucoup de foin. Nous ne devons pas laiffer ignorer à la reconnoiffance des Chimiftes, qu'elles ne font point

l'ouvrage

l'ouvrage d'un burin mercenaire, mais qu'elles font dues au zèle & aux talens variés du traducteur de l'ouvrage de M. Kirwan fur le phlogiftique.

Ces nouveaux élémens font terminés par quatre tables; la première donne le nombre des pouces cubiques correfpondans à un poids déterminé d'eau; la feconde eft deftinée à convertir les fractions vulgaires en fractions décimales, & réciproquement; la troifième préfente le poids des différens gaz, & la quatrième, la pefanteur fpécifique des différentes fubftances.

Ainfi M. Lavoifier, en partant des notions les plus fimples & des objets les plus élémentaires, conduit fucceffivement aux combinaifons plus compofées. Ses raifonnemens font prefque toujours fondés fur des expériences rigoureufes, ou plutôt ils n'en font que le réfultat; & il finit par donner les élémens de l'art des expériences qui doit fervir de guide aux Chimiftes qui, au lieu de fe livrer à de vaines hypothèfes, veulent établir leurs opinions la balance à la main.

L'ouvrage eft précédé d'un difcours dans lequel M. Lavoifier rend compte des motifs qui l'ont engagé à l'entreprendre, & de la marche qu'il a fuivie dans fon exécution.

S'étant impofé la loi de ne rien conclure au-delà de ce que les expériences préfentent & de ne jamais fuppléer au filence des faits, il n'a point compris dans fes élémens la partie de la Chimie la plus fufceptible peut-être de devenir un jour une fcience exacte; c'eft celle qui traite des affinités ou attractions chimiques; mais les données principales manquent; ou du moins celles que nous avons ne font encore ni affez précifes, ni affez certaines pour devenir la bafe fur laquelle doit porter une partie auffi importante de la Chimie.

M. Lavoifier a la modeftie d'avouer qu'une confidération fecrète a peut-être donné du poids aux raifons qu'il pouvoit avoir de fe taire fur les affinités; c'eft que M. de Morveau eft au moment de publier l'article *affinité* de l'Encyclopédie méthodique, & qu'il a redouté de traiter en concurrence avec lui, un objet qui exige des difcuffions très-délicates.

Quoique les Savans s'empreſſent de toutes parts de endre juſtice aux connoiſſances profondes de M. de Morveau , il doit néanmoins être flatté d'un aveu qui honore également celui qui l'a fait.

Si M. Lavoiſier ne parle point, dans ce Traité, des parties conſtituantes & élémentaires des corps, c'eſt qu'il regarde comme hypothétique tout ce qu'on a dit ſur les quatre élémens : il eſt probable que nous ne connoiſſons pas les molécules ſimples & indiviſibles qui compoſent les corps ; mais il eſt un terme auquel nous conduiſent nos analyſes, & ce ſont les derniers réſultats que nous en obtenons, qui ſont pour nous des ſubſtances ſimples, ou , ſi l'on veut, des élémens.

Mais l'objet principal de ce diſcours eſt de faire ſentir la liaiſon qui ſe trouve entre l'abus des mots & les idées fauſſes, & entre la préciſion du langage & les progrès des ſciences.

Nous penſons que ces nouveaux Elémens ſont très-dignes d'être imprimés ſous le privilége de l'Académie.

Fait à l'Académie, le 4 Février 1789.

Signé, D'ARCET & BERTHOLET.

Je certifie le préſent extrait conforme à l'original, & au jugement de l'Académie. A Paris , ce 7 Février 1789.

Signé, le Marquis DE CONDORCET.

# EXTRAIT *des Registres de la Société Royale de Médecine.*

## Du 6 Février 1789.

LA Société nous a chargés, M. de Horne & moi, d'examiner un Ouvrage de M. Lavoisier, ayant pour titre, *Traité élémentaire de Chimie, présenté dans un ordre nouveau, & d'après les découvertes modernes.* Comme ce Traité, que nous avons lu avec le plus vif intérêt, offre une méthode élémentaire différente de toutes celles qu'on a suivies dans les Ouvrages du même genre, nous avons cru devoir en rendre un compte très-détaillé à la Compagnie.

Les Physiciens, & tous les hommes qui s'adonnent à l'étude de la Philosophie naturelle, savent que c'est aux expériences de M. Lavoisier qu'est due la révolution que la Chimie a éprouvée depuis quelques années ; à peine M. Black eut-il fait connoître, il y a bientôt vingt ans, l'être fugace qui adoucit la chaux & les alkalis, & qui avoit jusques-là échappé aux recherches des Chimistes ; à peine M. Priestley eut-il donné ses premières expériences sur l'air fixe & ce qu'il appeloit les différentes espèces d'air, que M. Lavoisier, qui ne s'étoit encore appliqué qu'à mettre dans les opérations de Chimie de l'exactitude & de la précision, conçut le vaste projet de répéter & de varier toutes les expériences des deux célèbres Physiciens Anglois, & de poursuivre avec une ardeur infatigable une carrière nouvelle, dont il prévoyoit dès-lors l'étendue. Il sentit sur-tout que l'art de faire des expériences vraiment utiles, & de contribuer aux progrès de la science de l'analyse, consistoit à ne rien laisser échapper, à tout recueillir, à tout peser. Cette idée ingénieuse, à laquelle sont dues toutes les découvertes modernes, l'engagea à imaginer, pour les effervescences, pour les combustion , pour la calcination des métaux, &c. des appareils capables de porter la lumière la plus vive fur la caufe & les réfultats de ces opérations. On connoît trop généralement aujourd'hui la plupart des faits & des découvertes que cette route expérimentale nouvelle a fait naître, pour que nous ayons befoin d'en fuivre ici les détails ; nous nous contenterons de rappeler que c'eft à l'aide de ces procédés, à l'aide de ce nouveau fens, ajouté, pour ainfi dire, à ceux que le Phyficien poffédoit déjà, que M. Lavoifier eft parvenu à établir des vérités & une doctrine nouvelles fur la combuftion, fur la calcination des métaux, fur la nature de l'eau, fur la formation des acides, fur la diffolution des métaux, fur la fermentation & fur les principaux phénomènes de la nature. Ces inftrumens fi ingénieux, cette méthode expérimentale fi exacte & fi différente des procédés employés autrefois par les Chimiftes, n'ont ceffé, depuis 1772, de devenir entre les mains de M. Lavoifier & des Phyficiens qui ont fuivi la même route, une fource féconde de découvertes. Les Mémoires de l'Académie des Sciences offrent, depuis 1772 jufqu'en 1786, une fuite non interrompue de travaux, d'expériences, d'analyfes faites par ce Phyficien fur le même plan. Ce qu'il y a de plus frappant pour ceux qui aiment à fuivre les progrès de l'efprit humain dans ce genre de recherches, dont on n'avoit aucune idée il y a vingt ans, c'eft que toutes les découvertes qui fe font fuccédées depuis cette époque, n'ont fait que confirmer les premiers réfultats trouvés par M. Lavoifier, & donner plus de force & plus de folidité à la doctrine qu'il a propofée. Une autre confidération, qui nous paroît également importante, c'eft que les expériences de Bergman, de Schéele, de MM. Cavendish, Prieftley, & d'un grand nombre d'autres Chimiftes dans différentes parties de l'Europe, quoique faites fous des points de vue & avec des moyens différens en apparence, fe font tellement accordées avec les réfultats généraux dont nous parlions plus haut, que cet accord, bien propre à convaincre les Phyficiens qui cherchent la vérité fans prévention, & avec le courage néceffaire pour réfifter aux préjugés, n'a fait que rendre plus folides & plus inébranlables les fondemens fur lefquels repofe la nouvelle doctrine chimique. C'eft dans cet état de la fcience, c'eft à l'époque où les faits nouveaux, généralement reconnus, n'excitent encore des difcuffions entre les Phyficiens, que relativement à leur explication, que M. Lavoifier, auteur de la plus grande partie de ces découvertes, & de la théorie fimple & lumineufe qu'elles ont créée, s'eft propofé d'enchaîner dans un nouvel ordre les vérités nouvelles, & d'offrir aux Savans, ainfi qu'à ceux qui veulent le devenir, l'enfemble de fes travaux. Ceux qui ont fuivi avec foin les progrès fucceffifs de la Chimie, ne trouveront dans l'Ouvrage dont nous nous occupons, que les faits qu'ils connoiffent déjà; mais ils fe préfenteront à eux dans un ordre qui les frappera par fa clarté & fa précifion. Ce fera donc fpécialement fur la marche des faits, des idées & des raifonnemens tracés par M. Lavoifier, que nous infifterons dans ce rapport.

Ce Traité eft divifé en trois parties. Dans la première, M. Lavoifier expofe les élémens de la fcience & les bafes fur lefquelles elle eft fondée. C'eft fur les corps les plus fimples, & fur le premier ordre de leurs combinaifons, que roule cette première partie, comme nous le dirons tout-à-l'heure.

La feconde partie préfente les tableaux de toutes les combinaifons de ces corps fimples entr'eux, & des mixtes qu'ils forment les uns avec les autres. Les compofés falins neutres en font particulièrement le fujet.

Dans la troifième partie, M. Lavoifier décrit les appareils nouveaux, dont il a imaginé la plus grande partie, & à l'aide defquels il a établi les vérités expofées dans la première partie.

Confidérons chacune de ces parties plus en détail, & fuivons l'Auteur jufqu'à fes dernières divifions, pour faire connoître l'utilité & l'importance de fon Ouvrage.

## *Première Partie.*

En expofant, dans un Difcours préliminaire, les motifs qui l'ont engagé à écrire fon Ouvrage, M. Lavoifier annonce que c'eft en s'occupant de la nomenclature & en développant fes idées fur les avantages & la néceffité de lier les mots aux faits, qu'il a été entraîné comme malgré lui à faire un traité élémentaire de Chimie; que cette nomenclature méthodique l'ayant conduit du connu à l'inconnu, cette marche qu'il s'eft trouvé forcé de fuivre, lui a paru propre à guider les pas de ceux qui veulent étudier la Chimie; il penfe que, quoique cette fcience ait encore beaucoup de lacunes & ne foit pas complette comme la Géométrie élémentaire, les faits qui la compofent s'arrangent cependant d'une manière fi heureufe dans la doctrine moderne, qu'il eft permis de la comparer à cette dernière, & qu'on peut efpérer de la voir s'approcher, de nos jours, du degré de perfection qu'elle eft fufceptible d'atteindre. Son but a été de ne rien conclure au-delà de l'expérience, de ne jamais fuppléer au filence des faits.

C'eft pour cela qu'il n'a point parlé des principes des corps, fur lefquels on a depuis fi long-temps donné des idées vagues dans les écoles & dans les Ouvrages élémentaires; qu'il n'a rien dit des attractions ou affinités chimiques, qui ne font point encore connues, fuivant lui, avec l'exactitude néceffaire pour en expofer les généralités dans des élémens. Il termine ce difcours en retraçant les raifons & les motifs qui ont guidé les Chimiftes dans le travail de la nouvelle nomenclature, & en faifant voir quelle influence les noms exacts propofés dans ce travail, peuvent avoir fur les progrès & l'étude de la fcience.

La première partie qui fuit immédiatement ce Difcours préliminaire, comprend dix-fept chapitres.

M. Lavoifier annonce qu'il traite, dans cette première Partie, de la formation des fluides aëriformes & de leur décompofition; de la combuftion des corps fimples, & de la formation des acides. Ce titre, qui n'auroit cer-

tainement pas rappelé aux anciens Chimiſtes l'enſemble
de leur ſcience, le comprend cependant tout entier
pour ceux qui la poſſèdent; & en effet, l'un de nous en
traçant la marche & l'état de toutes les connoiſſances
chimiques modernes dans quelques ſéances ſur les fluides
élaſtiques, a fait voir que toute la ſcience eſt compriſe
dans l'hiſtoire de leur développement & de leur fixation.
Il eſt donc vrai de dire, que quoique le domaine de
la Chimie ait été ſingulièrement agrandi par le nombre
conſidérable de faits nouveaux qu'elle a acquis depuis
quelques années, le rapprochement, la liaiſon & la cohé-
rence de ces faits, peuvent en reſſerrer les élémens dans
l'eſprit de ceux qui les poſſèdent, & de ceux qu'une méthode exacte guide dans leurs études; ſi les expériences
ſemblent effrayer l'imagination par leur nombre, les
réſultats ſimples qu'on en tire, & les données générales
qu'elles fourniſſent, font évanouir les difficultés, &
rendent le travail de la mémoire plus facile. Cette
vérité ſera miſe dans tout ſon jour, par l'expoſé des
divers objets compris dans cette première partie de
l'ouvrage de M. Lavoiſier.

Le premier Chapitre traite de la combinaiſon des corps
avec le calorique ou la matière de la chaleur, & de la
formation des fluides élaſtiques. Le calorique dilate tous
les corps en écartant leurs molécules, qui tendent à
ſe rapprocher par la force d'attraction. On peut donc
conſidérer ſon effet comme celui d'une force répulſive
ou oppoſée à l'attraction. Lorſque l'attraction des molécules eſt plus forte, que l'écartement ou la force répulſive
communiquée par le calorique, le corps eſt ſolide; ſi la
force répulſive l'emporte ſur l'attraction, les molécules
s'écartent juſqu'à un certain point, la fuſion, & enfin
la fluidité élaſtique naiſſent de cet effet. Comme la diminution ou l'enlèvement du calorique permet le rapprochement des molécules des corps dont l'attraction agit alors
librement, & comme on peut concevoir un refroidiſſement toujours croiſſant, beaucoup plus fort que celui que
nous connoiſſons, & conſéquemment un rapprochement
proportionné dans les molécules des corps, il s'enſuit

que ces molécules ne fe touchent pas, qu'il exifte des intervalles entr'elles; ces intervalles font remplis par le calorique. On peut l'y accumuler; c'eft cette accumulation qui détruit l'attraction de ces molécules, & qui donne enfin naiffance à un fluide élaftique. Tous les corps liquides prendroient, à la furface du globe, cette forme de fluides élaftiques, fi la preffion de l'air atmofphérique ne s'y oppofoit pas; c'eft en raifon de cette preffion qu'il faut que la température de l'eau foit élevée à 80 degrés pour qu'elle fe réduife en vapeur; l'éther à 30 ou 33 degrés, l'alkool à 67. Mais les fluides fuppofés réduits en vapeurs par la fuppreffion du poids de l'atmofphère, fe formeroient bientôt un obftacle à eux-mêmes par leur preffion.

On voit d'après cela qu'un fluide élaftique ou un gaz n'eft qu'une combinaifon d'un corps quelconque ou d'une bafe avec le calorique. On voit encore que, fuivant les efpaces ou les intervalles compris entre les molécules des différens corps, il faudra plus ou moins de calorique pour les dilater au même point; c'eft cette différence qu'on nomme *capacité de chaleur*, & la quantité de calorique néceffaire pour élever chaque corps à la même température, fe nomme chaleur ou *calorique fpécifique*. Comme les corps, en fe combinant au calorique, deviennent des fluides élaftiques, l'élafticité paroît être due à la répulfion des molécules du calorique, ou plutôt à une attraction plus forte entre ces dernières, qu'entre celles des corps fluides élaftiques, qui font alors repouffées par l'effet du premier.

Ces idées fimples & fondées fur des expériences exactes, conduifent l'Auteur à donner, dans le fecond chapitre, des vues fur la formation & la conftitution de l'atmofphère de la terre; elle doit être formée des fubftances fufceptibles de fe volatilifer au degré ordinaire de chaleur qui exifte fur le globe, & à la preffion moyenne qui foutient le mercure à 28 pouces. La terre étant fuppofée à la place d'une planète beaucoup plus rapprochée du foleil, comme l'eft Mercure, l'eau, le mercure même entreroient en expanfion, & fe mêleroient à l'air jufqu'à ce que cette expanfion fût limitée par la preffion exercée par ces nouveaux fluides élaftiques. Si le globe étoit, au contraire, tranfporté à une diftance beaucoup plus éloignée du foleil qu'il ne l'eft, l'eau feroit folide & comme une pierre dure & tranfparente. La folidité, la liquidité, la fluidité élaftique font donc des modifications des corps dues au calorique. Les fluides habituellement vaporeux qui forment notre atmofphère, doivent, ou fe mêler lorfqu'ils ont de l'affinité, ou fe féparer fuivant l'ordre de leurs pefanteurs fpécifiques, s'ils ne font pas fufceptibles de s'unir. M. Lavoifier penfe que la couche fupérieure de l'atmofphère eft furmontée des gaz inflammables légers qu'il regarde comme la matière & le foyer des météores lumineux,

Il étoit très-naturel que ces confidérations générales fur l'atmofphère de la terre fuffent fuivies de l'analyfe de l'air qui la compofe; cette analyfe fait le fujet du troifième chapitre, dans lequel eft confignée une des plus belles découvertes du fiècle & de la Chimie moderne. La combuftion du mercure dans un ballon, la perte de poids d'un fixième de l'air, l'augmentation correfpondante du poids du mercure, la qualité délétère des cinq fixièmes d'air reftant; la féparation de l'air de la chaux de mercure fortement échauffée, la pureté de celui-ci, la récompofition de l'air femblable à celui de l'atmofphère par l'addition de cette partie tirée du mercure à celle reftée dans le ballon; la chaleur vive & la flamme brillante dégagée de l'air par le fer qu'on y brûle, fuffifent à M. Lavoifier pour prouver que l'air atmofphérique eft un compofé de deux fluides élaftiques différens, l'un refpirable, l'autre non refpirable, que le premier forme 0,27, & le fecond 0,73.

Dans le quatrième chapitre, ce Savant expofe les noms donnés à ces deux gaz qui compofent l'air atmofphérique, & les raifons qui les ont fait propofer; le premier porte, comme on fait, le nom d'*air vital* & de *gaz oxygène*, & le fecond celui de *gaz azote*.

La quantité des principes de l'atmofphère étant connue, la nature du gaz oxygène occupe enfuite M.

Lavoisier. Le cinquième chapitre est destiné à l'examen de la décomposition du gaz oxygène ou air vital par le soufre, le phosphore, le charbon, & de la formation des acides. Cent grains de phosphore brûlé dans un ballon bien plein d'air vital, absorbent 154 grains de cet air ou de sa base, & forment 254 grains d'acide phosphorique concret. Vingt-huit grains de charbon absorbent 72 grains d'air vital, & forment 100 grains d'acide carbonique. Le soufre en absorbe plus que son poids & devient acide sulfurique. La base de cet air a donc la propriété, en se combinant avec ces trois corps combustibles, de les convertir en acides ; de-là le nom d'oxygène donné à cette base de l'air vital , & celui d'oxygénation donné à l'opération par laquelle cette base se fixe.

La nomenclature des différens acides forme le sujet du sixième chapitre ; le nom général d'acide désigne la combinaison avec l'oxygène ; les noms particuliers appartiennent aux bases différentes unies à l'oxygène. Le soufre forme l'acide sulfurique , le phosphore l'acide phosphorique , le carbone ou charbon pur l'acide carbonique. La terminaison variée dans ces mots exprime la proportion d'oxygène ; ainsi le soufre combiné avec peu d'oxygène & dans l'état d'un acide foible, donne l'acide sulfureux, tandis qu'une plus grande proportion de ce principe acidifiant forme l'acide sulfurique. Nous n'insisterons pas davantage sur les principes de cette nomenclature, qui sont déjà bien connus de la Société. M. Lavoisier donne, à la fin de ce chapitre, les proportions d'azote & d'oxygène qui constituent l'acide du nitre en différens états, comme l'a découvert M. Cavendish.

Il parle, dans le septième chapitre, de la décomposition du gaz oxygène par les métaux. On sait que ces corps combustibles absorbent la base de l'air vital plus ou moins facilement , & à des températures plus ou moins élevées ; mais comme l'affinité de ces corps pour l'oxygène est en général rarement plus forte que celle de celui-ci pour le calorique, les métaux s'y combinent plus ou moins difficilement. Les composés des métaux & d'oxygène n'étant pas des acides, on a proposé le nom d'oxides pour les défigner, au lieu de celui de chaux, qui étoit équivoque, & fondé fur une fauffe analogie. M. Lavoifier donne les détails de cette nomenclature à la fin de ce chapitre.

Il traite, dans le huitième, du principe radical de l'eau, & de la décompofition de ce fluide par le charbon & le fer. L'eau que l'on fait paffer à travers un tube de verre ou de porcelaine rougi au feu, fe réduit feulement en vapeur, fans éprouver d'altération. En paffant à travers le même tube chargé de vingt-huit grains de charbon, il y a 85 grains d'eau changée de nature, & le charbon difparoît. On obtient 100 grains ou 144 pouces d'acide carbonique, qui contiennent, outre les 28 grains de carbone, 72 grains d'oxygène, provenant néceffairement de l'eau, puifqu'aucun autre corps n'a pu le lui fournir; ce gaz acide carbonique eft mêlé de 13 grains ou 380 pouces cubes de gaz inflammable; ces 13 grains ajoutés aux 72 grains d'oxygène enlevé par le carbone, font les 85 grains d'eau qui manquent; & en effet, en brûlant dans un appareil fermé 85 grains d'air vital & 15 de gaz inflammable, on a 100 grains d'eau. L'eau eft donc compofée de ces deux principes. L'oxygène eft déjà connu par les détails précédens; la bafe du gaz inflammable a été nommée *hydrogène*, ou principe radical de l'eau; M. Lavoifier en décrit les propriétés & fur-tout celles qu'il a dans l'état de gaz.

Le neuvième chapitre contient des détails abfolument neufs fur la quantité de calorique qui fe dégage dans la combuftion de différens corps combuftibles, ou, ce qui eft la même chofe en d'autres termes, pendant la fixation de l'air vital ou gaz oxygène. Pour bien concevoir l'objet de cet article important, rappelons que l'air vital eft, comme tous les autres fluides élaftiques, une bafe folidifiable unie à du calorique; que ce gaz ne peut fe fixer, ou fa bafe devenir folide dans les combinaifons où elle entre, qu'en perdant le calorique qui la tenoit écartée & divifée en fluide élaftique. Cela pofé, il eſt clair qu'en partant d'une expérience où l'air vital paroît laiſſer dépoſer ſa baſe la plus ſolide poſſible en perdant tout le calorique qu'il contient , on aura une meſure à peu de choſe près exacte de la quantité abſolue de calorique contenu dans une quantité donnée de gaz oxygène. Mais comment meſurer cette chaleur. M. Lavoiſier s'eſt ſervi, pour cela, d'un appareil ingénieux, dont la première idée eſt due à M. Wilcke, Phyſicien Anglois, mais qui a été changé & bien perfectionné par M. de la Place. Ce ſont des enveloppes de tôle garnies de glace, & laiſſant un eſpace vide dans lequel on fait les expériences de combuſtion, abſolument comme dans une ſphère de glace aſſez épaiſſe pour que la température extérieure n'influe en aucune manière ſur ſa cavité intérieure. Le calorique ſe ſépare pendant la fixation de l'oxygène, fond une partie de cette glace, proportionnelle à la quantité qui s'en dégage. En opérant ainſi la combuſtion du phoſphore, M. Lavoiſier a vu qu'une livre de ce combuſtible fond 100 livres de glace, en abſorbant une livre 8 onces d'air vital; & comme l'acide phoſphorique concret qui réſulte de cette combuſtion paroît contenir l'oxygène le plus ſolide & le plus ſéparé de calorique, il en conclut que, dans l'état d'air vital, une livre d'oxygène contient une quantité de calorique ſuffiſante pour fondre 66 livres 10 onces 5 gros 24 grains de glace à zero. En partant de cette expérience, M. Lavoiſier a trouvé qu'une livre de charbon abſorbant 2 livres 9 onces 1 gros 10 grains d'oxygène, & ne faiſant fondre que 96 livres 8 onces de glace, tout le calorique contenu dans cette quantité d'air vital n'eſt pas dégagé, puiſqu'il ſe ſeroit fondu 171 livres 6 onces 5 gros de glace ; la différence de cette quantité de calorique, c'eſt-à-dire, une quantité capable de fondre 74 livres 14 onces 5 gros de glace, eſt employée à tenir ſous forme de gaz 3 livres 9 onces 1 gros 10 grains d'acide carbonique, produit dans cette opération. La combuſtion du gaz hydrogène brûlé dans l'appareil de glace, lui a préſenté le réſultat ſuivant relativement au dégagement du calorique. Une livre de ce gaz abſorbe 5 livres 10 onces

5 gros 24 grains d'air vital en brûlant; il se dégage
dans cette combustion une quantité de calorique capable
de faire fondre 295 livres 9 onces 3 gros & demi de
glace; or, comme cette dose d'air vital auroit donné,
si on l'avoit fait servir à la combustion du phosphore,
où l'oxygène paroît être le plus solide possible, une quantité de calorique suffisante pour fondre 377 livres 12
onces 3 gros de glace, il s'ensuit que la différence de
ces deux quantités de calorique, qui est exprimée par
celle de 82 livres 9 onces 7 gros & demi de glace fondue,
reste dans l'eau à o de température, & que chaque livre
de ce liquide à cette température, contient dans la portion
d'oxygène qui fait un de ses principes, une quantité de
calorique capable de fondre 12 livres 5 onces 2 gros
48 grains de glace. M. Lavoisier a trouvé, par les mêmes
expériences, la quantité de calorique contenu dans l'oxygène de l'acide nitrique, & celle qui se dégage dans la
combustion de la cire & de l'huile; & si ces recherches
avoient été suivies avec un soin égal sur la quantité de
calorique que chaque métal dégage de l'air vital en ab-
sorbant l'oxygène, ou en se calcinant, cette appré-
ciation seroit, comme le dit M. Lavoisier à la fin de ce
chapitre, d'une grande utilité pour l'explication de
beaucoup de phénomènes chimiques.

L'Auteur décrit dans le dixieme chapitre la nature générale des combinaisons des substances combustibles déja
examinées dans les chapitres précédens, les unes avec
les autres. Les alliages des métaux, les dissolutions du
soufre, du phosphore, du charbon dans le gaz hydrogène,
l'union du carbone & de l'hydrogène qui constitue les
huiles en général, sont indiqués successivement. Dans ce
chapitre comme dans tous les précédens, on trouve des
vues neuves sur l'union encore inconnue de plusieurs
substances combustibles entr'elles.

Dans tous les chapitres précédens qui ont pour objet la
décomposition de l'air vital, l'absorption de l'oxygène par
les corps combustibles & les phénomènes de leur combustion & de leurs produits, il n'est question que des
substances combinées, une à une avec l'oxygène. Le

deuxieme chapitre préfente les combinaifons de ce principe acidifiant avec plufieurs bafes à la fois, confé-
quemment des oxides & des acides à plufieurs bafes, &
de la compofition des matières végétales & animales. On
reconnoît par la lecture de ce chapitre la clarté des
principes de la Chimie moderne, & en même tems la
richeffe de la nature dans la variété des compofés qu'elle
forme avec très-peu d'élémens. L'analyfe la plus exacte
prouve que l'hydrogène & le carbone privés de la plus
grande quantité de leur calorique & unis enfemble dans
des proportions différentes, à des quantités diverfes d'oxygène, conftituent les matières végétales. M. Lavoifier
range ces matières parmi les oxides lorfque la quantité
d'oxygène eft trop peu abondante pour leur donner le
caractère acide, ou parmi les acides lorfque ce principe
y eft plus abondant. Le phofphore & l'azote font quelquefois partie de ces compofés; & alors ils fe rapprochent des
matières animales. Ainfi trois ou quatre corps fimples unis
en différentes proportions & dans différens états de preffion
ou de privation de calorique, fuffifent à la Chimie moderne pour rendre raifon de la diverfité des matières
végétales, oxides & acides; & en y ajoutant l'azote,
le phofphore & le foufre, les compofés plus compliqués
qui en réfultent, donnent une idée exacte de la nature
des fubftances animales, oxides ou acides. M. Lavoifier
fait voir qu'on pourroit fuivant les regles de fa nouvelle
Nomenclature défigner les principales efpèces des matières
végétales compofées d'hydrogène, de carbone & d'oxygène, foit oxides, foit acides; mais la néceffité d'affocier
trop de mots pour défigner ces compofés formeroit un langage barbare, & l'Auteur préfère les noms des treize acides végétaux & des fix acides animaux, adoptés dans
la nouvelle Nomenclature. Il termine ce chapitre par le
dénombrement de ces acides.

Ces principes auffi clairs que fimples fur la compofition
des fubftances végétales & animales, conduifent M. Lavoifier à faire connoître avec une égale clarté dans le
douzieme chapitre, la décompofition de ces matières
par le feu. Des trois principes les plus abondans qui les

constituent, l'hydrogène & l'oxygène tendent à prendre la forme de gaz par leur combinaison avec le calorique; le troisième ou le carbone n'a pas la même propriété. Une chaleur au-dessus de celle où ces principes restent en équilibre, doit donc détruire cet équilibre. A une température supérieure à celle de l'eau bouillante, l'oxygène s'unit à l'hydrogène & forme de l'eau qui se dégage; une partie du carbone unie séparément à l'hydrogène forme de l'huile; une autre se précipite seule. Une chaleur beaucoup plus forte, comme celle qu'on nomme chaleur rouge, sépare ces principes dans un autre ordre, décompose même l'huile formée par la première chaleur, & réduit entièrement les matières végétales à de l'acide carbonique, à de l'eau & à une partie de charbon isolée. L'azote, le phosphore & le soufre ajoutés à ces premiers principes, dans les matières animales compliquent cet effet du feu, & donnent naissance à l'ammoniaque que ces matières fournissent dans leur distillation. Tous ces phénomènes ne tiennent qu'à des changemens de proportions dans l'union des principes & à leur diverse affinité pour le calorique.

Des changemens également simples ont lieu dans les fermentations vineuse, putride & acéteuse, dont M. Lavoisier expose avec soin les phénomènes dans les chapitres 13, 14 & 15. Ces opérations naturelles paroissoient autrefois inexplicables aux Chimistes, & il n'y a pas plus de quinze ans qu'on désespéroit encore d'en apprécier la cause. M. Lavoisier par des procédés ingénieux est parvenu à prouver que dans la fermentation vineuse, la matière sucrée qu'il regarde comme un oxide & qui est formée suivant ses recherches, de 8 parties d'hydrogène, 28 de carbone, & 64 d'oxygène, sur cent parties de cette matière, est séparée en deux portions ( par le changement & le partage seul de l'oxygène entre les deux bases oxidables ), une grande partie du carbone prend plus d'oxygène en se séparant de l'hydrogène, & se convertit en gaz acide carbonique qui se dégage pendant cette fermentation, tandis que l'hydrogène, privé de l'oxygène & uni à un peu de carbone & à l'eau ajoutée, conftitue l'alkool. Ainfi la nature change par cette fermentation des combinaifons ternaires en combinaifons binaires. Un effet analogue a lieu dans la putréfaction. Les cinq fubftances fimples & combuftibles qui forment les bafes oxidables & acidifiables des matières animales, l'hydrogène, le carbone, l'azote, le foufre & le phofphore, & qui font unies en différentes proportions à l'oxygène, fe dégagent peu-à-peu en gaz hydrogène fulfuré, carboné, phofphoré, en gaz azote, en gaz acide carbonique, & en gaz ammoniaque. La fermentation acéteufe ne confifte que dans l'abforption de l'oxygène qui y porte plus de principe acidifiant. Il femble que l'acide carbonique n'ait befoin que d'hydrogène pour devenir acide acéteux, puifqu'en effet, ôtez ce dernier principe au vinaigre, il paffe à l'état d'acide carbonique. Quoique cette théorie de la putréfaction & de l'acétification paroiffe prefque auffi fimple que celle de la fermentation vineufe, M. Lavoifier convient que la Chimie n'eft pas auffi avancée dans la connoiffance de ces deux phénomènes, que dans celle du premier.

Dans le feizième chapitre, l'auteur confidère la formation des fels neutres & les bafes de ces fels. Les acides dont M. Lavoifier a expofé la nature dans les premiers chapitres, peuvent fe combiner avec quatre bafes terreufes, trois bafes alkalines & dix-fept bafes métalliques. Il expofe fuccinctement l'origine, l'extraction & les principales propriétés de la potaffe, de la foude, de l'ammoniaque, de la chaux, de la magnéfie, de la baryte & de l'alumine; ces matières fi l'on en excepte l'ammoniaque, font les moins connues de tous les corps naturels, & quoique, d'après quelques expériences, on penfe qu'elles font compofées, on n'en a point encore féparé les élémens; auffi M. Lavoifier n'en parle-t-il que très-brièvement. Il termine cet expofé en annonçant qu'il eft poffible que les alkalis fixes fe forment pendant la combuftion des fubftances végétales à l'air. L'un de nous a déjà fait préfumer dans plufieurs mémoires & dans fes leçons, que l'azote, qu'il a confidéré comme principe des alkalis ou comme *alkaligène*, pourroit bien se précipiter de l'atmosphère dans les substances végétales qu'on brûle dans l'atmosphère. Alors l'air atmosphérique seroit un réservoir des principes acidifiant & alkalifiant où la nature puiseroit sans cesse ces principes pour les fixer dans des bases, & produire les diverses matières salines, acides & alkalines. Mais cette assertion, loin d'être une vérité démontrée, ne doit être regardée que comme une hypothèse, jusqu'à ce que les expériences dont on s'occupe en ce moment dans plusieurs laboratoires, aient permis de prononcer.

Le chapitre dix-septième & dernier de cette première partie de l'ouvrage de M. Lavoisier, contient une suite de réflexions sur la formation des sels neutres, & sur leurs bases qu'il nomme salifiables. Il y fait voir que les terres & les alkalis s'unissent aux acides sans éprouver d'altération, & qu'il n'en est pas de même des métaux. Aucun de ces corps ne peut se combiner avec les acides sans s'oxygéner ; ils enlèvent l'oxygène soit à l'eau dont ils séparent l'hydrogène en gaz, soit aux acides eux-mêmes dont ils volatilisent une portion de la base unie à une portion d'oxygène. De ce dégagement naît l'effervescence qui accompagne la dissolution des métaux dans les acides. On pourroit peut-être désirer dans ce chapitre des détails plus étendus sur les dissolutions métalliques ; mais M. Lavoisier vouloit mettre une grande précision dans cette partie de son Ouvrage, & celle qu'il y a mise en effet, en rend la marche plus rapide sans nuire à la clarté des principes qui y sont exposés. Ce chapitre est terminé par un dénombrement des quarante-huit substances simples qui peuvent être oxidées & acidifiées dans différens états, en y comprenant les dix-sept substances métalliques, qu'il croit devoir aussi considérer comme des acides, lorsqu'elles sont portées à un grand degré d'oxygénation. Il résulte de ce dénombrement que quarante-huit acides qui peuvent être unis à vingt-quatre bases terreuses, alkalines & métalliques, donnent 1152 sels neutres, dont la nature & les propriétés n'auroient jamais été connues avec précision, si comme l'observe M. Lavoisier, on avoit continué à leur donner des noms, ou impropres, ou infignifians, comme on l'avoit fait à l'époque des premières découvertes de Chimie, & qui cependant peuvent être placés avec ordre dans la mémoire, à l'aide de la nouvelle nomenclature.

Tels font les faits, tel eft l'ordre qui les lie, telles font les conféquences qui en découlent naturellement, confignés dans la première partie de ce Traité élémentaire. Nous les avons fait connoître affez en détail, pour que la Société pût apprécier l'enfemble du travail de M. Lavoifier, & le comparer à ce qu'étoit encore la fcience chimique il y a vingt ans. On a pu y voir qu'à l'aide des expériences modernes, les élémens de cette fcience font aujourd'hui beaucoup plus faciles à faifir qu'ils n'étoient autrefois, parce que tout fe réduit à concevoir les effets généraux du calorique, à diftinguer les matières fimples, bafes de toutes les combinaifons poffibles ; à confidérer leur union avec l'oxygène ; c'eft prefque fur ces trois faits généraux que font fondés les détails contenus dans la première partie. En y ajoutant les attractions de l'oxygène pour les différens corps, les décompofitions qui réfultent des effets de ces attractions, on auroit l'enfemble complet de ces Elémens. Mais M. Lavoifier a omis cet objet à deffein, & nous avons expofé ailleurs les raifons qui l'ont déterminé à prendre ce parti.

## *Seconde Partie.*

Après avoir rendu un compte exact de la marche nouvelle que M. Lavoifier a fuivie dans la première partie, qui conftitue feule les élémens de la fcience, il ne fera pas néceffaire d'entrer dans des détails auffi étendus pour faire connoître les deux autres parties.

La feconde eft entièrement deftinée à préfenter dans des tableaux les combinaifons falines neutres, ou les compofés de deux mixtes, car on fe rappellera facilement que les acides font des mixtes formés de bafes unies à l'oxygène, les oxides métalliques également formés de l'oxygène uni aux métaux, & enfin les terres & les alkalis vraifemblablement des compofés. Mais pour rendre cette feconde partie plus complette, M. Lavoifier a mis avant les tableaux des fels neutres, dix tableaux qui offrent les combinaifons fimples dont il a été parlé dans la première partie, & qui font deftinés à fervir de réfumé à cette première partie. On trouve dans ces 10 tableaux, 1°. les fubftances fimples, ou au moins celles que les Chimiftes ne font pas parvenus à décompofer, au nombre de 33, favoir la lumière, le calorique, l'oxygène, l'azote, l'hydrogène, le foufre, le phofphore, le carbone, le radical muriatique, le radical fluorique, le radical boracique, les dix-fept fubftances métalliques, la chaux, la magnéfie, la baryte, l'alumine & la filice; 2°. les bafes oxidables & acidifiables, compofées au nombre de 20, qui comprennent le radical nitro-muriatique, les radicaux des douze acides végétaux, & ceux des fept acides animaux; 3°. les combinaifons de l'oxygène avec les fubftances fimples : 4°. les combinaifons des vingt radicaux compofés, avec l'oxygène; ou les acides nitro-muriatiques, les douze acides végétaux, & les fept acides animaux; 5°. les combinaifons binaires de l'azote avec les fubftances fimples : M. Lavoifier nomme celles de ces combinaifons qui ne font pas connues, des *azotures*; 6°. les combinaifons binaires de l'hydrogène avec les mêmes fubftances fimples : M. Lavoifier défigne par le nom d'*hydrures* celles de ces combinaifons qui n'ont point été examinées; 7°. les combinaifons binaires du foufre avec les corps fimples; excepté les acides fulfurique & fulfureux, toutes ces combinaifons font des fulfures; 8°. celles du phofphore avec les mêmes corps; tels font l'oxide de phofphore, les acides phofphoreux & phofphorique, & les phofphures; 9°. celles du carbone avec les fubftances fimples, favoir l'oxide de carbone, l'acide carbonique & les carbures; 10°. enfin celles de quelques autres radicaux avec les fubftances fimples. A ces tableaux font jointes des obfervations dans lefquelles M. Lavoifier donne l'explication, & retrace fous de nouveaux points de vue, une partie des faits confignés dans la première partie.

X ij

Les tableaux des sels neutres font au nombre de trente-quatre; on y trouve successivement les nitrites, les nitrates, les sulfates, les sulfites, les phosphites, les phosphates, les carbonates, les muriates, les muriates oxygénés, les nitro-muriates, les fluates, les borates, les arséniates, les molybdates, les tunstates, les tartrites, les malates, les citrates, les pyrolignites, les pyrotartrites, les pyromucites, les oxalates, les acétites, les acétates, les succinates, les benzoates, les camphorates, les gallates, les lactates, les saccholates, les formiates, les bombiates, les sébates, les lithiates & les prussiates. Le nombre de chaque classe de ces sels neutres contenus dans ces tableaux, est presque dans tout de vingt-quatre. M. Lavoisier a eu soin de disposer ces sels suivant l'ordre connu des affinités de leurs bases pour les acides. Comme la plupart de ces acides sont nouvellement découverts, l'Auteur a joint à chaque tableau des observations sur la manière de préparer ces sels, sur l'époque de leurs découvertes, sur les chimistes à qui elles sont dues, & souvent même sur la comparaison de leur nature & de leurs propriétés. M. Lavoisier n'a point eu l'intention d'offrir, dans cette seconde partie, une histoire des sels neutres; il n'a rien dit de la forme, de la saveur, de la dissolubilité, de la décomposition des sels neutres, ni de la proportion & de l'adhérence de leurs principes. Ces détails, que l'on trouve dans les Élémens de Chimie, de l'un de nous, n'entroient point dans le plan de M. Lavoisier; son but étoit de présenter une esquisse rapide de ces combinaisons, & il est très-bien rempli par les tableaux & par les courtes notices qui les accompagnent.

### *Troisième Partie.*

La troisième partie, qui a pour titre : *Description des appareils & des opérations manuelles de la Chimie,* montre aussi bien que les deux premières, combien la science a acquis de moyens, & la différence qui existe entre les expériences que l'on fait aujourd'hui & celles que l'on faisoit autrefois. M. Lavoisier a rejetté cette description à la fin, parce que les détails qu'elle exige, auroient détourné l'attention & trop occupé l'esprit des Lecteurs, si elle avoit été placée avec la théorie, & parce que d'ailleurs elle suppose des connoissances qu'on n'a pu acquérir qu'en lisant les deux premières parties. Quoique M. Lavoisier l'ait présentée comme une explication des planches qu'on place ordinairement à la fin d'un ouvrage, nous y avons trouvé une méthode descriptive très-claire, & des observations intéressantes sur l'usage des instrumens & sur les phénomènes que présentent les corps qu'on soumet à leur action. Sans prétendre donner ici un extrait de cette troisième partie, qui n'en est pas susceptible, nous nous bornerons à offrir un léger apperçu des principaux objets contenus dans les huit chapitres qui la composent.

Le premier traite des instrumens nécessaires pour déterminer le poids absolu & la pesanteur spécifique des corps solides & fluides; telles sont les balances exactes de différentes sensibilités, depuis celles où l'on pèse 50 à 60 livres, jusqu'à celles qui trébuchent à des 512ᵉ de grain ( M. Lavoisier y propose des poids en fractions décimales de la livre, au lieu des divisions de la livre en onces, gros & grains ); tels sont encore la balance hydrostatique, les aréomètres, sur-tout celui dont se sert M. Lavoisier, & qui lui est particulier.

Dans le chapitre second, sont décrits les instrumens propres à mesurer les gaz, les cuves pneumato-chimiques à l'eau & au mercure, les différens récipiens, le ballon à peser les gaz, la machine construite par les soins de M. Lavoisier, pour mesurer le volume & connoître la quantité des gaz suivant la pression & la température qu'ils éprouvent. M. Lavoisier nomme cette ingénieuse machine *gazomètre*.

Le chapitre III est destiné à la description d'un instrument imaginé par M. de la Place, pour déterminer la chaleur spécifique des corps & la quantité de calorique qui se dégage dans les combustions, dans la respiration des animaux & dans toutes les opérations de la Chimie. Cette utile machine, dont nous avons déjà indiqué les avantages dans la première partie, est nommée *calori-métre* par M. Lavoisier.

On trouve exposés, dans le quatrième chapitre, les instrumens dont on se sert dans les simples opérations mécaniques de la chimie, telles que la trituration, la porphyrisation, le tamisage, le lavage, la filtration & la décantation.

Le cinquième chapitre contient la description des moyens & des instrumens qu'on emploie pour opérer l'écartement ou le rapprochement des molécules des corps ; tels sont les vases destinés à la solution des sels, à la lixiviation, à l'évaporation, à la cristallisation, & à la distillation simple, ou évaporation en vaisseaux clos.

M. Lavoisier décrit, dans le sixième chapitre, les instrumens qui servent aux distillations composées & pneumato-chimiques, & sur-tout les appareils de Woulfe, variés de beaucoup de manières ; ceux qu'on emploie dans les dissolutions métalliques ; ceux qu'il a imaginés pour receuillir les produits des fermentations vineuse & putride, pour la décomposition de l'eau. Il y joint une histoire des différens luts & de leurs diverses utilités.

Les détails contenus dans le septième chapitre, font connoître les appareils dont ce physicien s'est servi avec succès pour connoître avec exactitude les phénomènes qui ont lieu dans la combustion du phosphore, du charbon, des huiles, de l'alkool, de l'éther, du gaz hydrogène, & conséquemment dans la recomposition de l'eau ; ainsi que dans l'oxidation des métaux.

Enfin le huitième & dernier chapitre de l'Ouvrage traite des instrumens & des procédés propres à exposer les corps à de hautes températures ; il y est question de la fusion, des creusets, des fourneaux, de la théorie de leur construction, du moyen d'augmenter considérablement l'action du feu, en substituant à l'air atmosphérique l'air vital ou gaz oxygène.

Quand ces détails ne seroient que des descriptions simples des machines auxquelles la Chimie doit toutes ses nouvelles connoissances, ils n'en seroient pas moins utiles, & on n'en auroit pas moins d'obligation à M.

Lavoifier, pour avoir publié des procédés & des appareils trop peu connus, même d'une partie de ceux qui profeffent aujourd'hui la Chimie, comme l'a dit l'Auteur. Mais ce n'eft point feulement une defcription sèche & aride que préfente cette troifième partie ; on y décrit l'ufage des diverfes machines, on y fait connoître la manière de s'en fervir, & les phénomènes qu'elles offrent à l'obfervateur ; fouvent même des points particuliers de la théorie générale expofée dans tout l'ouvrage, portent un jour éclatant fur le réfultat des opérations auxquelles fervent ces inftrumens. On peut confidérer cette troifième partie comme une hiftoire des principaux appareils néceffaires aux opérations de la Chimie moderne, & fans lefquels on ne pourroit plus efpérer de faire faire des progrès à cette fcience.

Les planches placées à la fin de l'ouvrage, ont été gravées avec foin par la perfonne qui nous a déjà donné la traduction de Kirwan, & qui fait allier la culture des Lettres à celle des Arts & des Sciences.

L'ouvrage eft terminé par des tables où font expofées la pefanteur du pied cube des différens gaz, la pefanteur fpécifique d'un grand nombre de corps naturels, les méthodes pour convertir les fractions vulgaires en fractions décimales & réciproquement, des moyens de correction pour la pefanteur des gaz relativement à la hauteur du mercure dans le baromètre & dans le thermomètre. Ces tables deviennent aujourd'hui aufli néceffaires aux Chimiftes pour obtenir des réfultats exacts dans leurs expériences, que le font les tables de logarithmes aux Géomètres & aux Aftronomes, pour l'exactitude & la rapidité de leurs calculs.

Nous penfons que l'Ouvrage de M. Lavoifier mérite l'approbation de la Société, & d'être imprimé fous fon privilége.

Au Louvre, le 6 Février 1789.

*Signé,* DE HORNE & DE FOURCROY.

La Société de Médecine ayant entendu, dans fa féance

tenue au Louvre le 6 du préfent mois, la lecture du
Rapport ci-deffus, en a entièrement adopté le contenu.

Ce que je certifie véritable. Ce 7 Février 1789.

*Signé*, VICQ D'AZYR, Secrétaire perpétuel.

---

# EXTRAIT des Regiftres de la Société d'Agriculture.

### Du 5 Février 1789.

NOUS avons été chargés par la Société d'Agriculture, M. de Fourcroy & moi, de lui rendre compte
d'un Traité élémentaire de Chimie, par M. Lavoifier.

Des Savans de l'Europe, l'un de ceux qui a le
plus contribué à l'heureufe révolution que la Chimie
pneumatique a éprouvée de nos jours, c'eft, fans con-
tredit, M. Lavoifier. Les Mémoires importans qu'il a
publiés depuis quinze ans, les faits brillans dont on lui
eft fpécialement redevable, toutes les expériences
connues qu'il a vérifiées avec un zèle infatigable,
l'élégance & la précifion des appareils qu'il a imaginés, la théorie nouvelle enfin fur laquelle il a fin-
gulièrement influé, & qu'on peut vraiment regarder
comme lui étant propre, faifoient defirer que M. Lavoifier réduisît ces nombreux matériaux en un corps
d'ouvrage, & fur-tout qu'il en fît un ouvrage élémentaire : il étoit difficile de mieux remplir ce vœu.

Ce Traité peut fervir à l'étude de la Chimie par la
méthode & l'ordre qui y regnent ; quant au Chimifte
déjà familiarifé avec la fcience, il y trouvera les faits
réunis & claffés, ainfi que de grandes vues fur le fyf-
tême de notre atmofphère, de la végétation, de l'ani-

malifation, &c. ce qui offre une vafte carrière à fes recherches.

La Chimie recule de jour en jour fes bornes ; elle
embraffe maintenant toutes les fciences phyfiques, &
l'Agriculture eft peut-être une de celles qui aura le plus
à s'applaudir des fuccès de la Chimie ; l'analyfe étant le
feul moyen de conduire fûrement à la connoiffance des
terres, des amendemens & des engrais : enfin la Chimie pneumatique peut feule expliquer les grands
phénomènes de la végétation, la formation des différens principes des végétaux, l'étiolement des plantes,
&c. c'eft elle qui nous a fait connoître cette double
émiffion d'un gaz homicide & d'un gaz vital.

Dans le petit nombre d'ouvrages qui ont été récem-
ment publiés fur la Chimie, tout étant neuf, la nomenclature, les faits, l'application de la méthode des
Géomètres à ces mêmes faits, & la théorie entière,
l'analyfe d'un pareil Traité feroit une tâche longue &
difficile à remplir ; nous nous bornerons donc à des réflexions fur ce nouvel ordre de chofes, qui, au milieu de
beaucoup de profélites, a encore quelques détracteurs.

On peut établir comme vérité qu'il n'y a pas d'art mécanique, le dernier de tous, dont la nomenclature ne
foit moins vicieufe, moins *infignifiante*, que ne l'étoit
celle de l'ancienne Chimie. Pas un mot dans l'ancienne
langue chimique qui n'ait été enfanté par l'amour du
myftère, & quelquefois même par le charlatanifme. Glau-
ber, Stahl, emportés par le torrent & l'efpèce de mode
régnante alors, introduifent, l'un *fon fel admirable*,
l'autre, *fon double arcane*. Un mot neuf, mot qui n'a
aucune acception, peut en recevoir une ; il n'en eft pas
de même d'un mot déjà ufité.

Il falloit donc une langue nouvelle pour une nouvelle
fcience, des mots nouveaux pour de nouveaux produits ;
enfin, il falloit créer des expreffions pout les phénomènes
que créoit journellement la Chimie. Il importoit fur-tout
que cette nomenclature fût raifonnée, que le mot fixât
l'idée, & que, femblable à la langue des Grecs & des
Latins, les augmentatifs, les privatifs & le changement

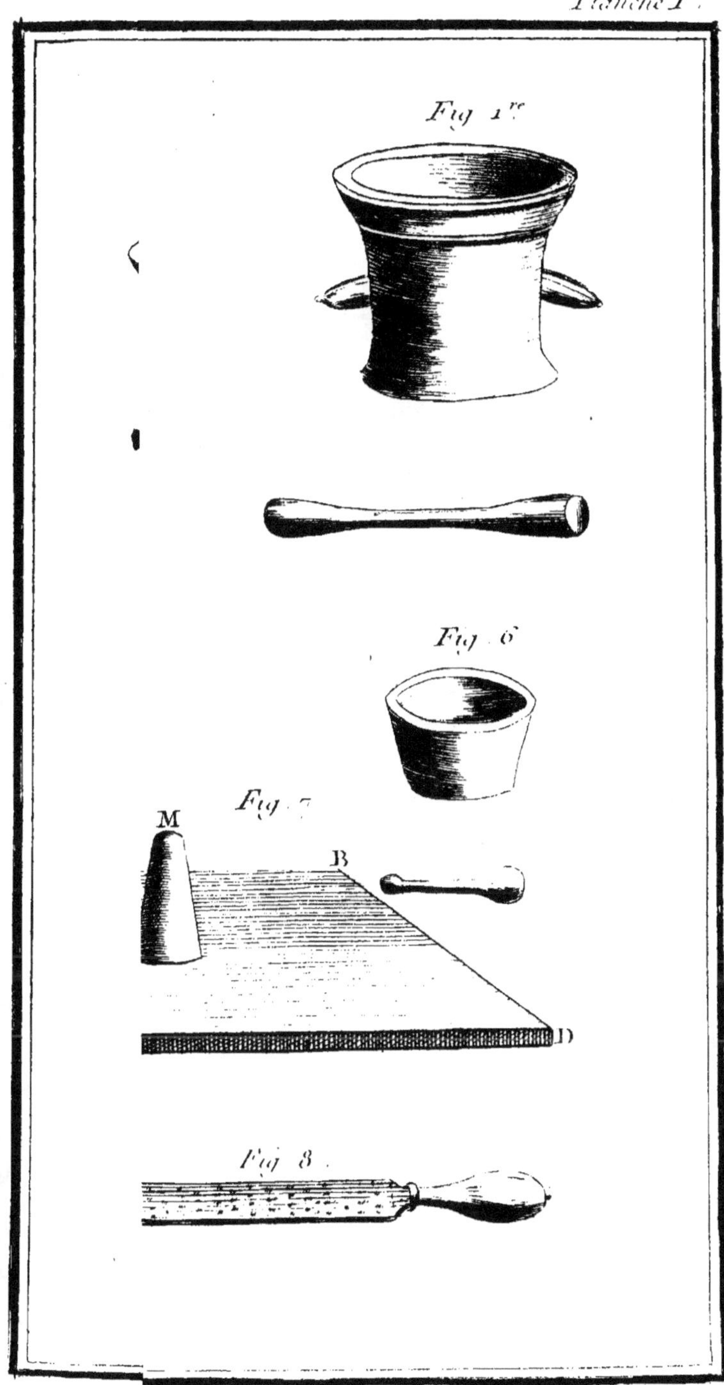

Fig. 1ʳᵉ

Fig. 6

Fig. 7

M    B

D

Fig. 8

Paulze Lavoisier Sculpsit.

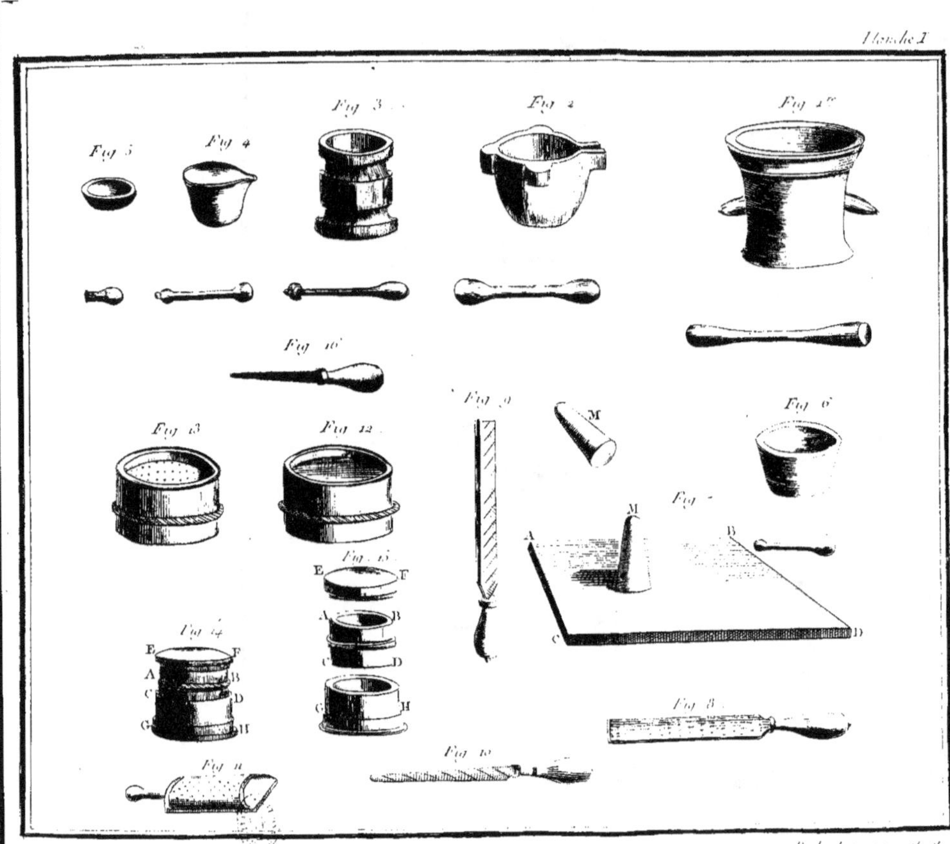


Planche I
Fig. 5
Fig. 4
Fig. 3
Fig. 2
Fig. 1
Fig. 16
Fig. 6
Fig. 13
Fig. 12
Fig. 9
M
Fig. 7
A
M
B
C
D
Fig. 15
E F
A B
C D
G H
Fig. 14
E F
A B
C D
G H
Fig. 8
Fig. 11
Fig. 10

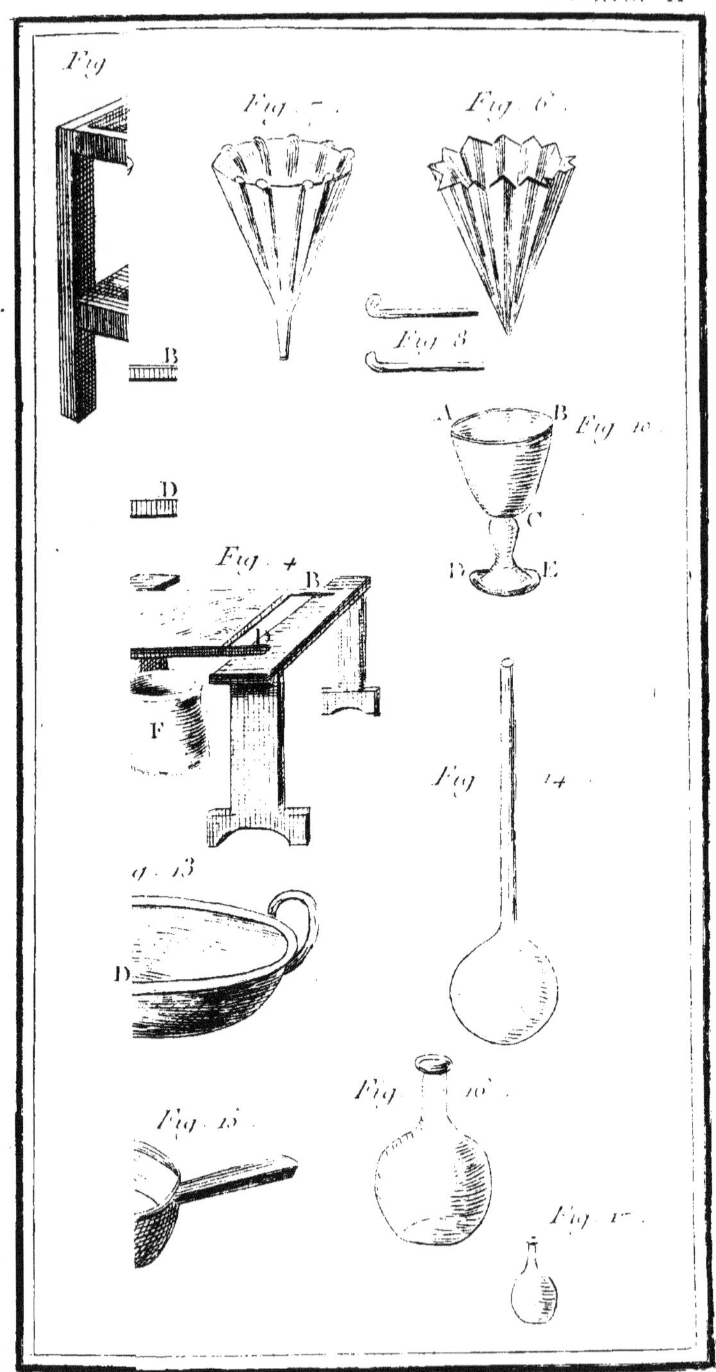

Planche II
Fig.
Fig. 7.
Fig. 6.
Fig. 8
B
A
B
Fig. 10
C
D
E
D
Fig. 4
B
F
Fig. 14
Fig. 13
D
Fig. 16
Fig. 15
Fig. 17


Paulze Lavoisier Sculp.

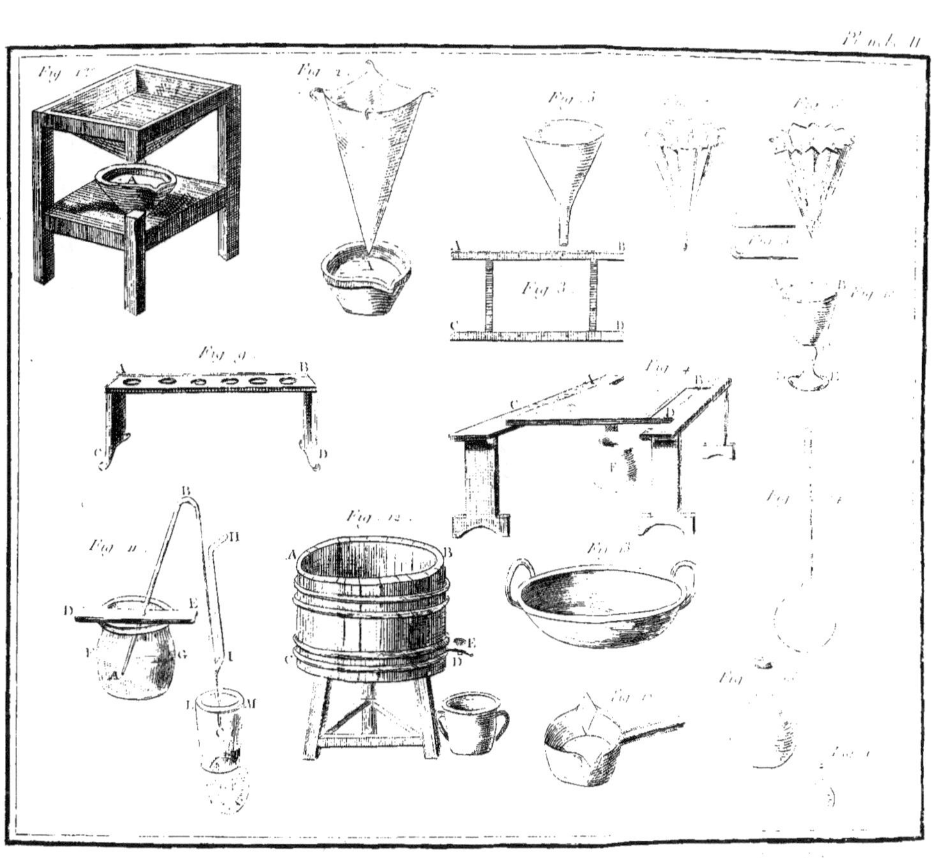

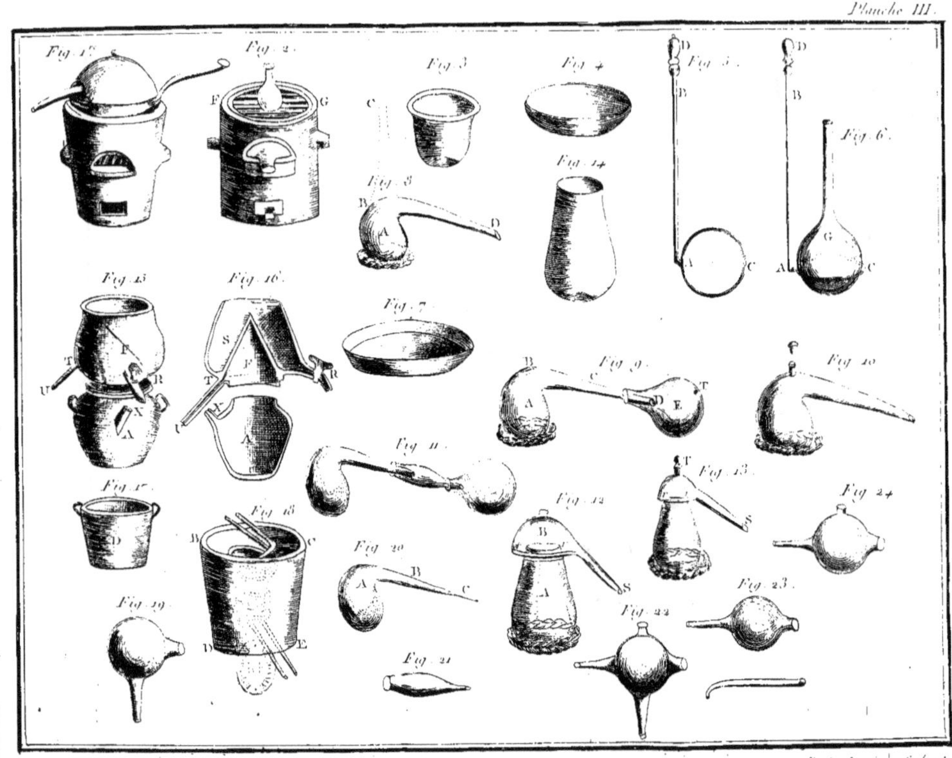

Fig. 1.
Fig. 2.
Fig. 3.
Fig. 4.
Fig. 5.
Fig. 6.
Fig. 7.
Fig. 8.
Fig. 9.
Fig. 10.
Fig. 11.
Fig. 12.
Fig. 13.
Fig. 14.
Fig. 15.
Fig. 16.
Fig. 17.
Fig. 18.
Fig. 19.
Fig. 20.
Fig. 21.
Fig. 22.
Fig. 23.
Fig. 24.

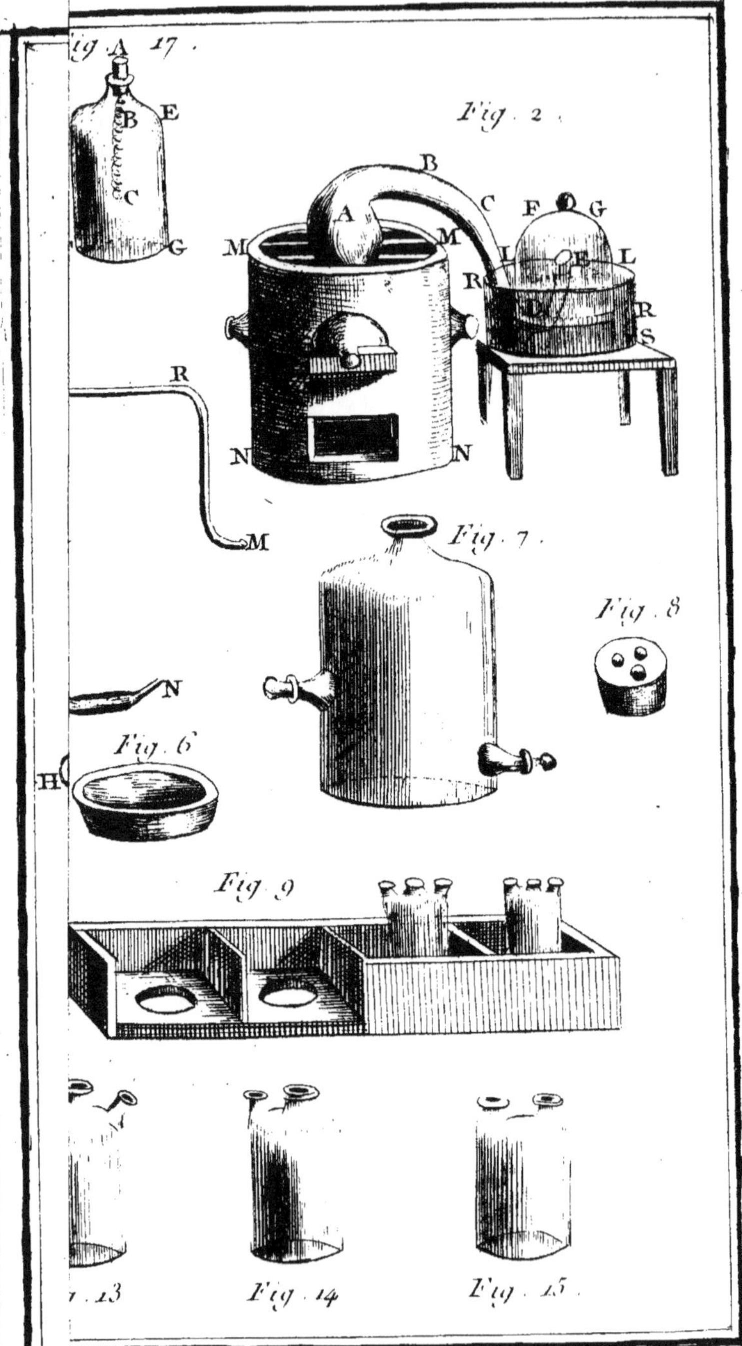
Fig. 17.
A
E
B
C
G
Fig. 2.
B
A
C F G
M M L L
R R
N N S
D
R
M
Fig. 7.
N
Fig. 8.
Fig. 6.
H
Fig. 9.
M
Fig. 13.
Fig. 14.
Fig. 15.

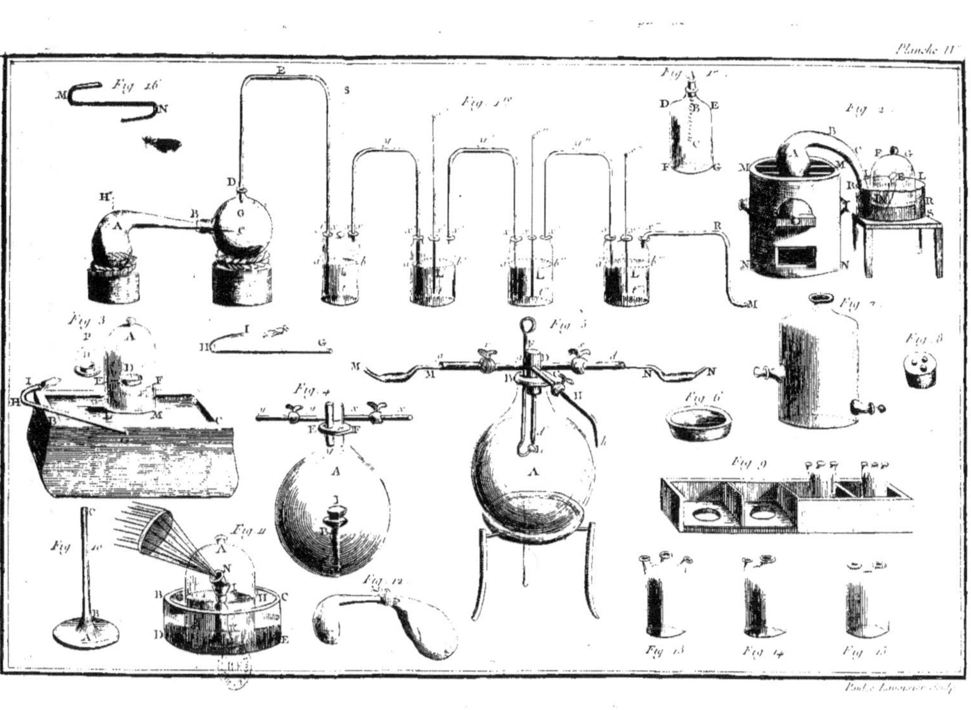


Planche II.
Fig. 16.
Fig. 15.
Fig. 17.
Fig. 2.
Fig. 3.
Fig. 4.
Fig. 5.
Fig. 6.
Fig. 7.
Fig. 8.
Fig. 9.
Fig. 10.
Fig. 11.
Fig. 12.
Fig. 13.
Fig. 14.
Fig. 15.

Paulze Lavoisier Sculp.

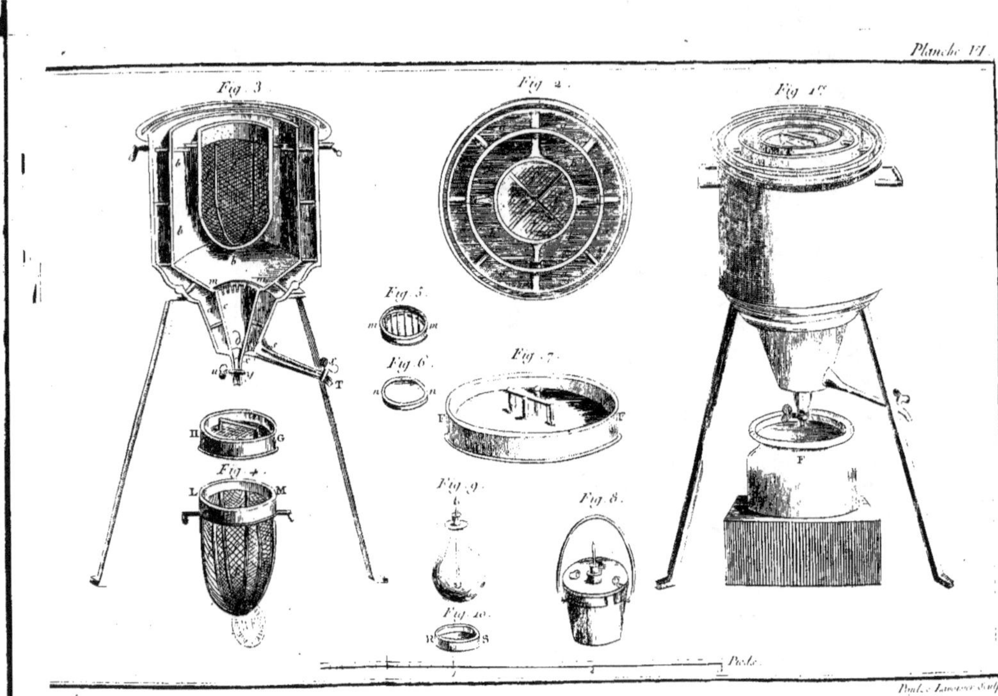

Fig. 3.
Fig. 2.
Fig. 1er.
Fig. 5.
Fig. 6.
Fig. 7.
Fig. 4.
Fig. 9.
Fig. 8.
Fig. 10.
Pieds.

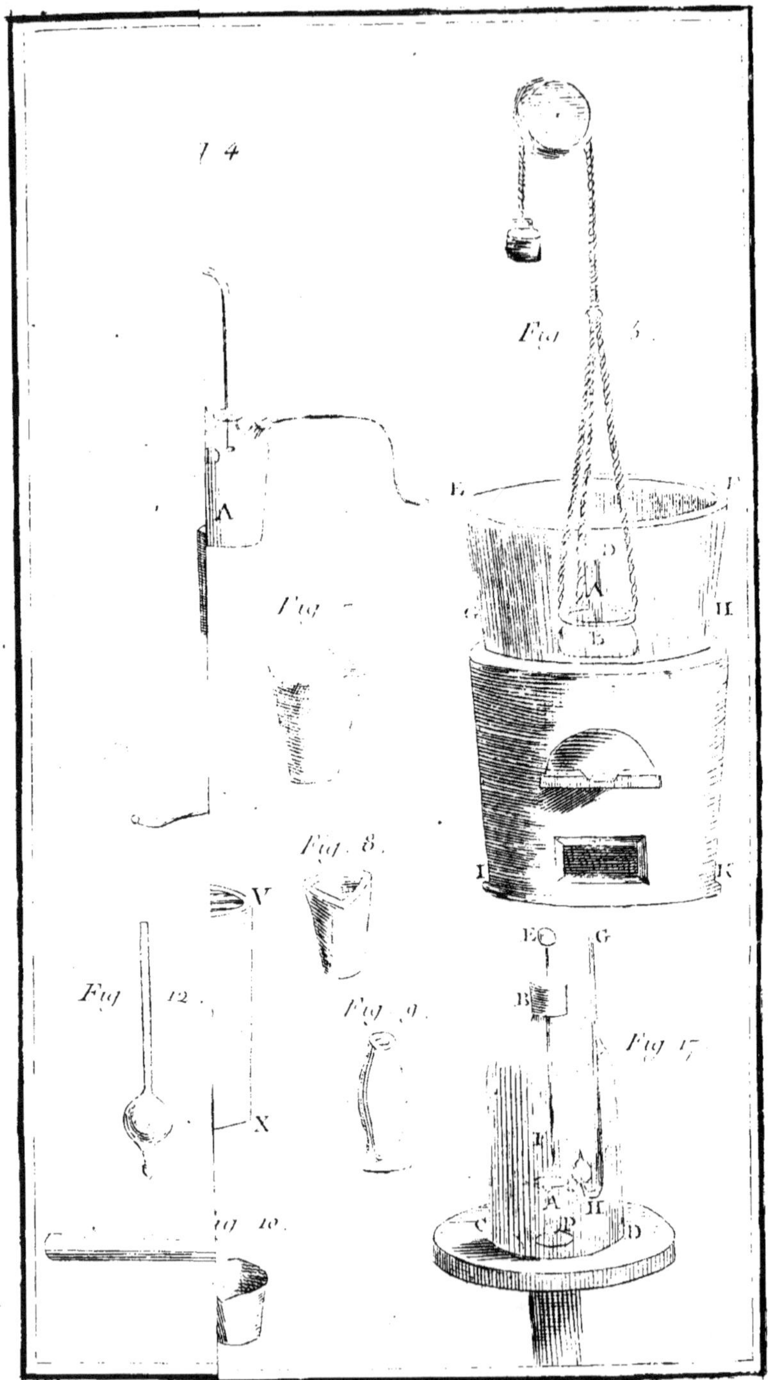
Fig. 4.
Fig. 5.
Fig. 7.
Fig. 8.
Fig. 9.
Fig. 12.
Fig. 11.
Fig. 10.
A
V
X
E
G
B
C
D
A
H
B

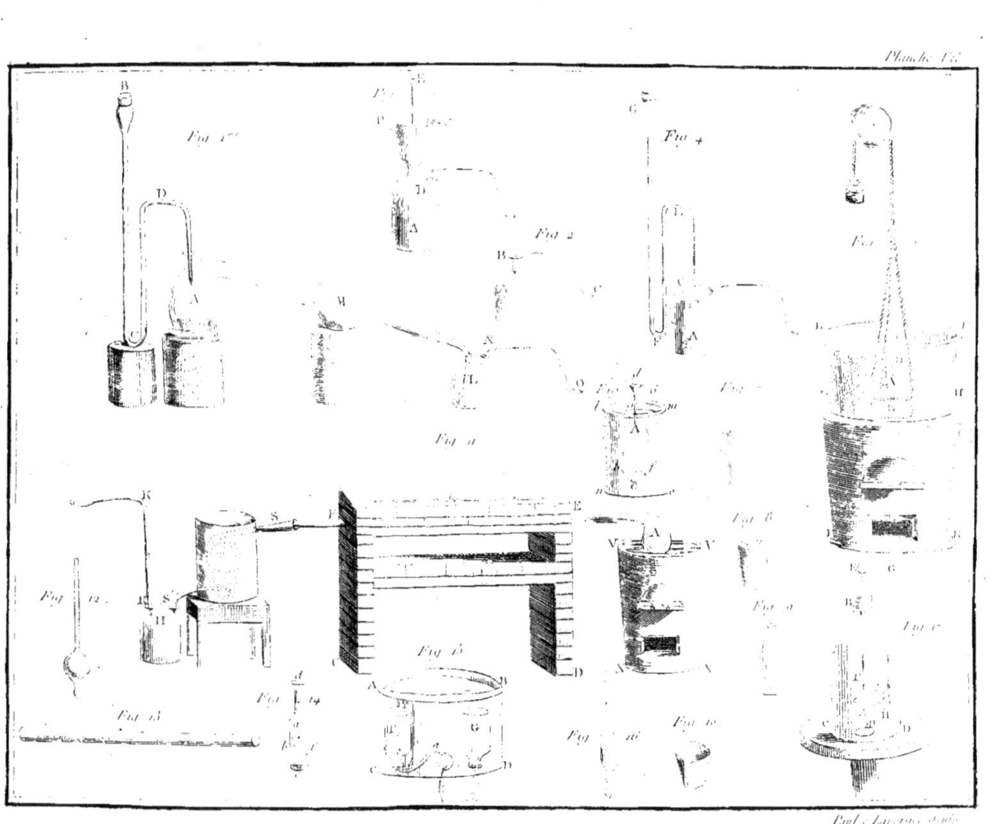


Paul et Lasnier Sculp.

3

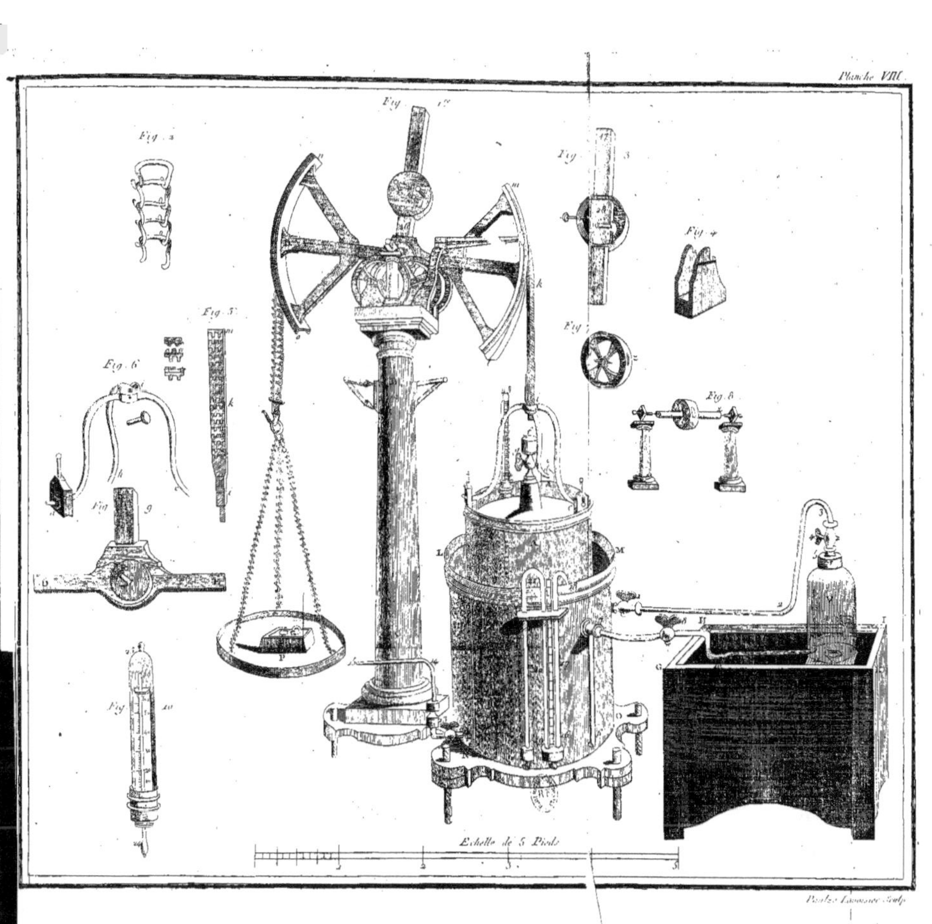

Fig. 2.
Fig. 1.
Fig. 3.
Fig. 4.
Fig. 5.
Fig. 6.
Fig. 7.
Fig. 8.
Fig. 9.
Fig. 10.
L
M
G
Echelle de 5 Pieds.

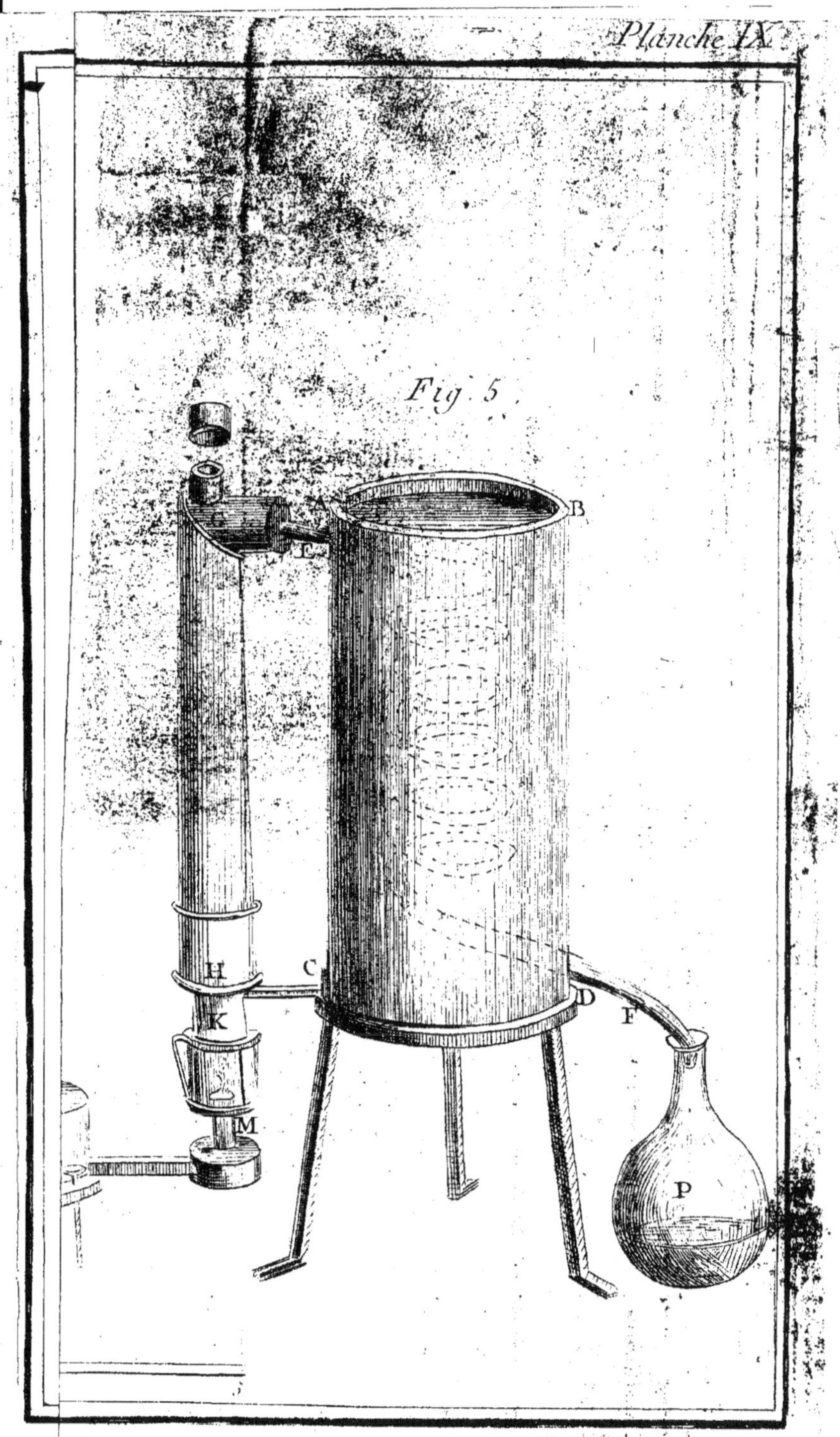



Paulze Lavoisier Sculp

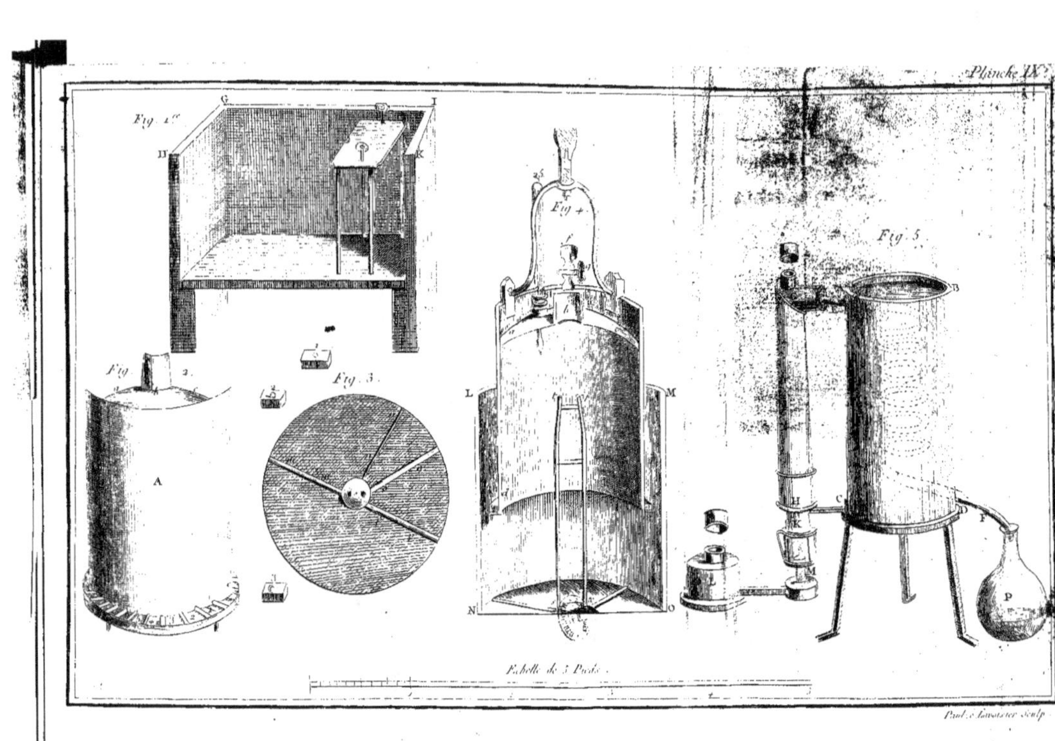

Planche IX.
Fig. 1.er
Fig. 4.
Fig. 5.
Fig. 2.
Fig. 3.
G
H
I
K
A
L
M
N
O
H
K
C
F
P
Echelle de 5 Pieds.
Paul. é Lavoisier Sculp.

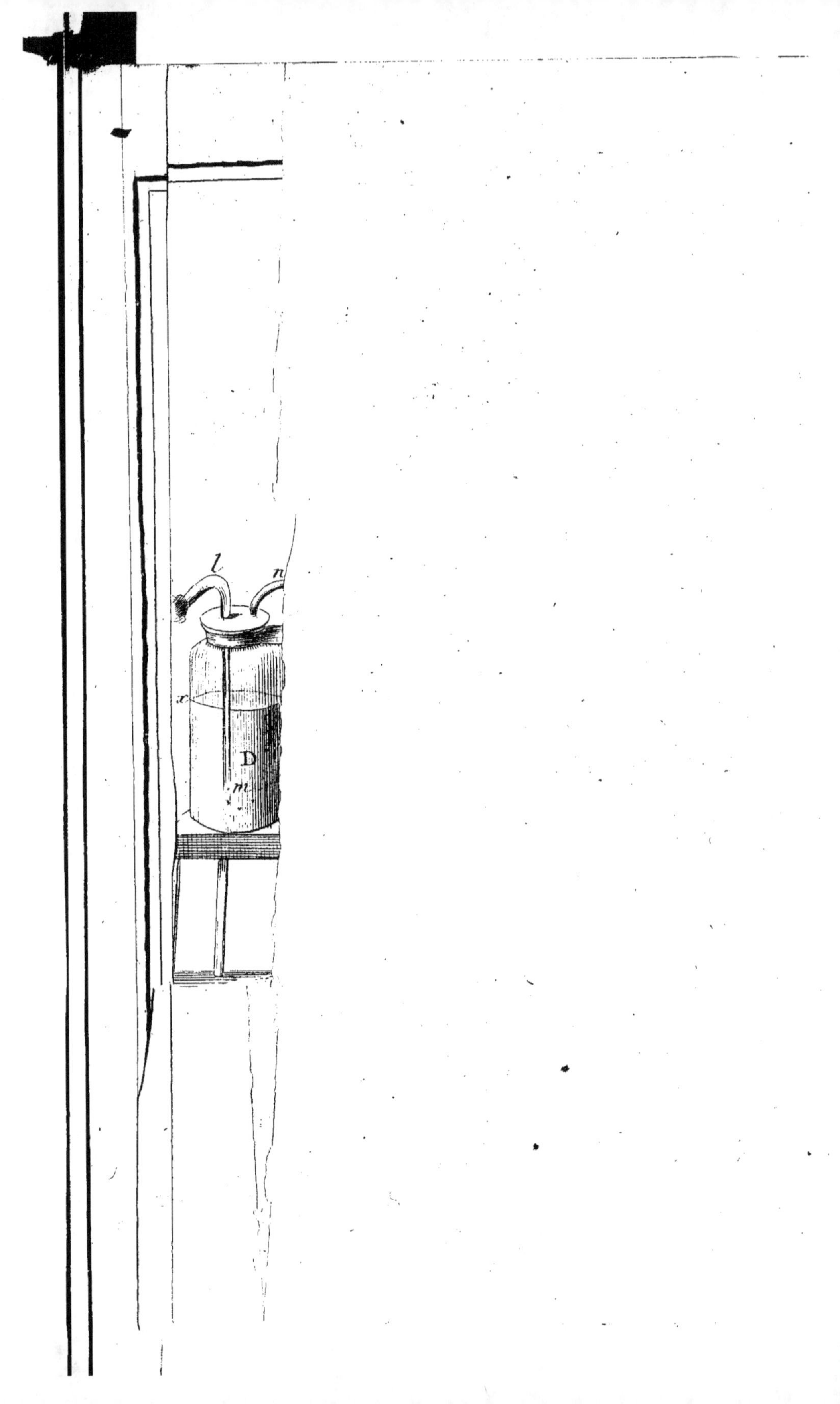
l
n
x
D
m

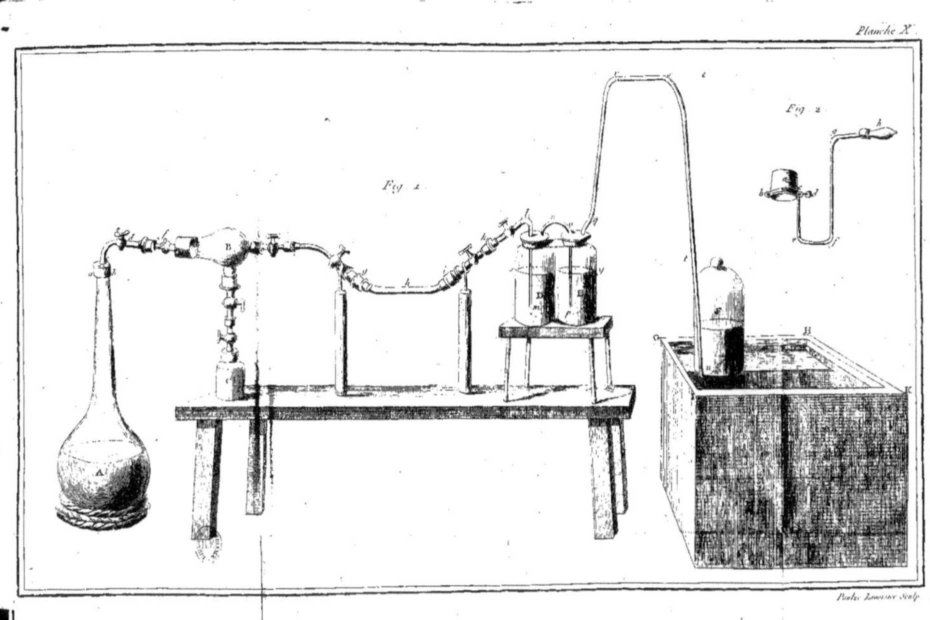

Planche X.
Fig. 1
Fig. 2
Paulze Lavoisier Sculp.

21
2

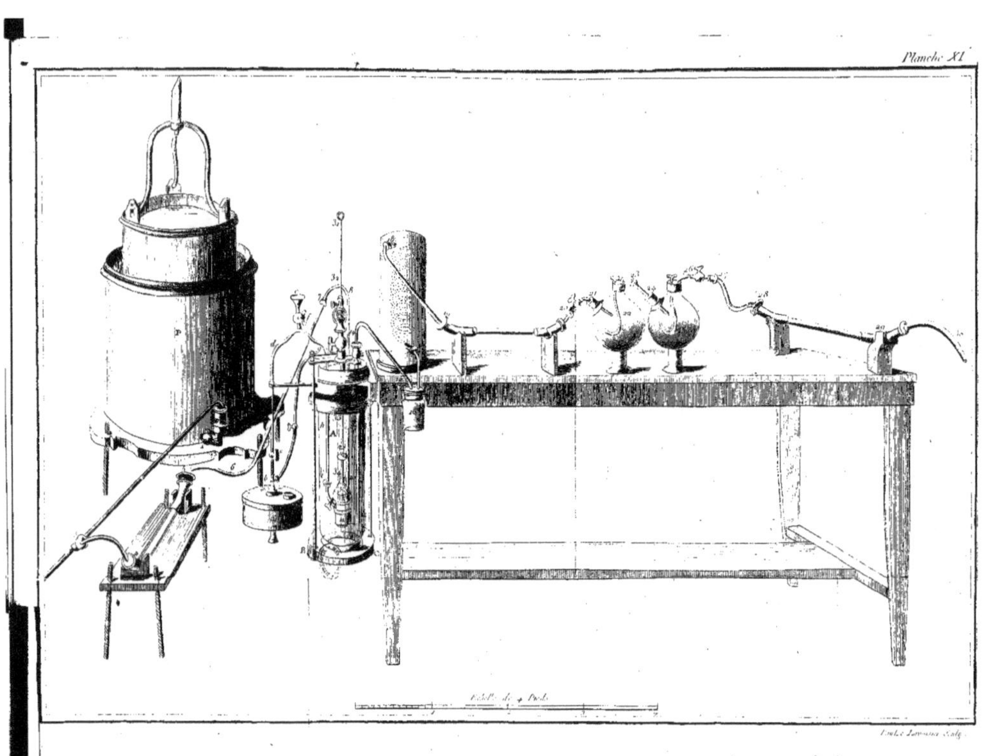

Planche XI
Echelle de 4 Pieds

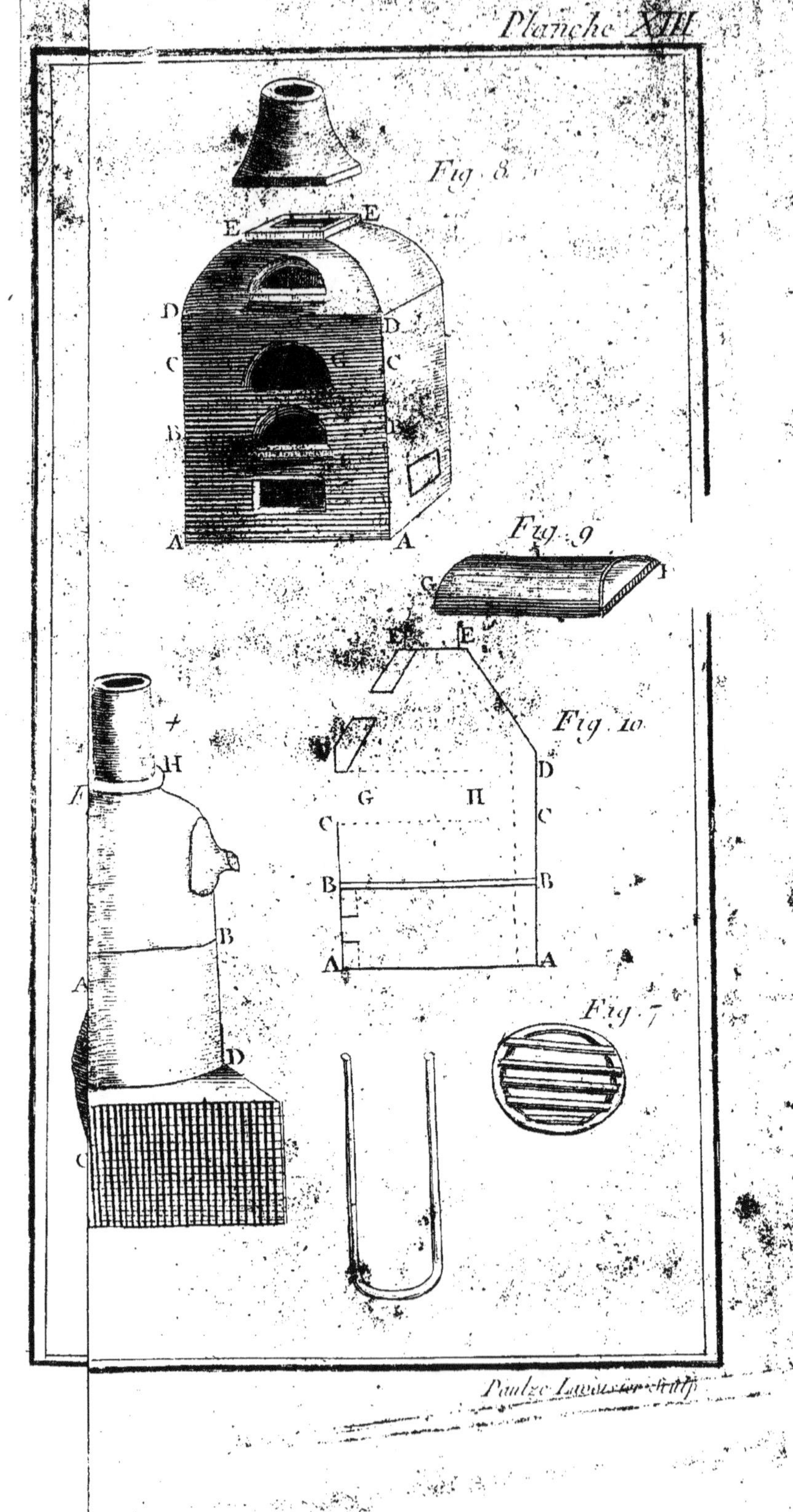

Fig. 8
E E
D D
C G C
B B
A A
Fig. 9
G I
Fig. 10
E E
D
G H C
C C
B B
A A
H
I
B
A
D
C
Fig. 7
Paulze Lavoisier Sculpsit

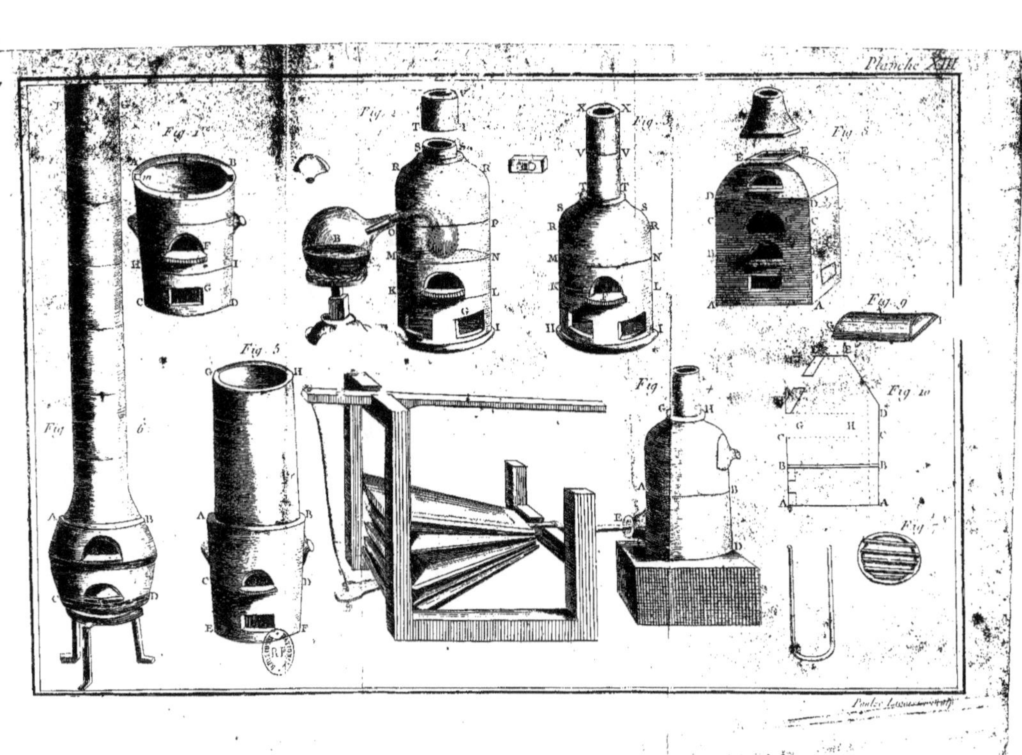
Fig. 1.
Fig. 2.
Fig. 3.
Fig. 4.
Fig. 5.
Fig. 6.
Fig. 7.
Fig. 8.
Fig. 9.
Fig. 10.